每天一点心理学

88个心理学
实用概念
照见人生

苏海峰 著

新华出版社

图书在版编目（CIP）数据

每天一点心理学：88个心理学实用概念照见人生 / 苏海峰著.
北京：新华出版社，2025.3
ISBN 978-7-5166-7901-2
Ⅰ．B84-49
中国国家版本馆 CIP 数据核字第 20251GW714 号

每天一点心理学：88个心理学实用概念照见人生
作者：苏海峰
出版发行：新华出版社有限责任公司
（北京市石景山区京原路 8 号　邮编：100040）
印刷：三河市君旺印务有限公司

成品尺寸：170mm×240mm　1/16	印张：19　字数：253 千字
版次：2025 年 5 月第 1 版	印次：2025 年 5 月第 1 次印刷
书号：ISBN 978-7-5166-7901-2	定价：58.00 元

版权所有·侵权必究

如有印刷、装订问题，本公司负责调换。

微店

视频号小店

京东旗舰店

微信公众号

喜马拉雅

小红书

淘宝旗舰店

企业微信

目录

CONTENTS

01 墨菲定律：担心的事情总会发生 ... 001

02 认知失调理论：内心的矛盾与决策优化 ... 004

03 达克效应：自我认知与能力的错位 ... 006

04 正念冥想：提升专注力与情绪管理能力 ... 009

05 原生家庭：影响人格与情感发展的根源 ... 012

06 讨好型人格：对他人认可的极度依赖 ... 016

07 自我效能感：激发潜能与成就的心理学动力 ... 020

08 心流：提升专注力与幸福感的秘诀 ... 023

09 自我意识：理解自我与认知的核心 ... 026

10 心理账户：我们如何看待和管理金钱 ... 030

11 习得性无助：无力感的根源 ... 033

12 社会认同理论：群体归属感与自我概念的形成 ... 035

13 内在动机与外在动机：驱动行为的两大力量 ... 038

14 自我决定理论：动机、自主性与心理健康 ... 041

15 认知重构：改变思维方式以改变情绪 ... 043

16 成长型思维模式：如何培养持续学习和成长的心态 ... 046

17 皮格马利翁效应：期望如何影响表现 ... 049

18 习惯的力量：如何塑造行为与改变生活 ... 052

19 破窗理论：环境如何影响行为 ... 055

20 阿比林悖论：从群体压力到无意识模仿　　　　　　　058

21 晕轮效应：第一印象如何影响整体评价　　　　　　　061

22 超限效应：信息过载的心理后果　　　　　　　　　　064

23 刺猬效应：保持距离以避免伤害　　　　　　　　　　067

24 酸葡萄效应：自我保护的心理策略　　　　　　　　　070

25 登门槛效应：逐步提高请求的策略　　　　　　　　　073

26 刻板效应：固定观念如何影响人际互动　　　　　　　076

27 损失厌恶：对失去的恐惧比获得的满足更强烈　　　　079

28 旁观者效应：当群体中的责任感被稀释　　　　　　　082

29 安慰剂效应：信念如何影响健康和治愈　　　　　　　085

30 首因效应：第一印象对人际关系的持久影响　　　　　088

31 近因效应：最新信息如何影响判断　　　　　　　　　091

32 归因偏差：对行为原因的错误理解　　　　　　　　　094

33 禀赋效应：我们对已有物品的过度珍视　　　　　　　097

34 社会比较理论：我们如何通过比较理解自己　　　　　100

35 虚假一致性效应：高估他人与自己相似的倾向　　　　103

36 镜像神经元：理解他人行为与情感的神经基础　　　　106

37 沉没成本谬误：为何我们不愿放弃已投入的资源　　　109

38 本能迁移：训练行为如何回归自然本能　　　　　　　112

39 马太效应：强者愈强，弱者愈弱的现象　　　　　　　115

40 反馈效应：行为与环境的双向影响　　　　　　　　　118

41 曝光效应：熟悉感如何影响我们的偏好　　　　　　　122

42 去个体化：群体中的匿名性如何影响行为　　　　　　125

目 录

43 选择支持偏差：为何只记得有利于自己的决定	127
44 幸福者偏差：我们只能看到成功者	129
45 帕金森定律：工作膨胀以填满所有可用时间	133
46 格兰诺维特的弱联系理论：人际网络中的潜在力量	136
47 峰终定律：你的记忆是如何欺骗你的	140
48 证实偏见：我们如何选择性地确认自己的信念	144
49 选择性注意：我们如何在信息洪流中做出取舍	148
50 心理防御机制：自我保护的无意识策略	152
51 集体无意识：跨越文化的人类心理原型	156
52 角色冲突：应对多重身份的张力	160
53 成就动机理论：激励个体追求卓越	164
54 自我障碍：避免失败的自我保护策略	168
55 希望理论：心理健康与目标追求的动力	171
56 自我概念清晰性：了解自己的心理要素	176
57 复原力：面对挑战与困境的心理韧性	180
58 社会排斥的心理影响：孤立与归属的力量	184
59 积极偏差：发现和利用独特的积极行为	188
60 角色模糊效应：角色与任务之间的混淆	192
61 延迟满足：成功的关键心理能力	196
62 过度理由效应：内在动机的削弱	200
63 内隐自尊：看不见的自我价值感	204
64 习得性乐观：心理健康的正向力量	208
65 社会认知理论：观察学习与行为的塑造	212

66 爱情三角理论：理解爱情的三个维度　　216

67 间歇性强化：行为塑造的有力工具　　219

68 程序性记忆：无意识技能的储存与运用　　223

69 幸福悖论：物质与幸福的错位　　226

70 内隐偏见：隐藏在无意识中的态度　　229

71 心理抗拒理论：当自由受限时的反应　　232

72 超我：心理结构的内在道德　　236

73 分离焦虑：离别引发的情绪困扰　　239

74 自尊：影响自我评价的心理因素　　243

75 矛盾意向：双重态度与心理冲突　　247

76 心理契约：组织中的隐性期望　　250

77 移情：感受他人情感的能力　　253

78 人格面具：隐藏真实自我的社会面貌　　257

79 社会助长效应：群体环境如何提升表现　　260

80 情绪劳动：工作场所中的情感管理　　263

81 认知偏差：思维陷阱与人类决策的非理性　　267

82 自我概念的多重构成：多维度的自我认知　　271

83 敬畏效应：对伟大事物的体验如何改变我们的行为　　275

84 需求层次理论：人类需求的阶梯　　279

85 惰性定律：改变的困难与适应的力量　　282

86 课题分离：界定自我与他人责任的界限　　285

87 自我实现理论：追求自我潜能的极致　　289

88 超常刺激：大脑如何被放大版的刺激劫持　　293

POINT 01
墨菲定律：
担心的事情总会发生

墨菲定律（Murphy's Law）是生活和工作中无处不在的现象。虽然听起来有些悲观，但它包含了深刻的智慧，能够帮助我们更好地应对不确定性。墨菲定律由美国空军工程师爱德华·墨菲（Edward Murphy）在20世纪40年代末的一次实验中提出。当时，美国空军正在研究人体承受极限加速度的能力。墨菲负责安装用于测量应力的传感器，但由于接线错误，实验数据全数无效。他愤怒地说："如果有任何可能出错的事情，它一定会出错。"这一说法被总结为"墨菲定律"，迅速在科学界广泛传播。

墨菲定律的实际应用

墨菲定律在许多领域都有实际应用，尤其是在工程学、项目管理和生活规划等方面。在工程学中，墨菲定律促使设计师和工程师更加关注系统的冗余性和可靠性。例如，航空航天工程师在设计航天器时，会考虑到每一个可能出错的环节，以确保任务的成功。通过对可能出错的部分进行多重检查和模拟测试，工程师们最大限度地减少了意外情况发生的概率。

在项目管理中，墨菲定律被用作风险评估和应急规划的重要工具。项目经理在制订项目计划时，会特别关注每个环节可能出错的地方，并提前制订应急方案。例如，在一个复杂的项目中，关键路径上的任务延误可能导致整个项目失败，因此制订备用计划和预留缓冲时间是至关重要的。

在日常生活中，墨菲定律也可以帮助我们更好地应对突发状况。例如，在出门旅行前，我们可以多准备一些必需品，以防意外情况发生。或者在重要的会议前，提前检查设备是否正常工作，以避免因为技术故障而耽误会议进程。通过把墨菲定律视为一种预防性措施，我们可以更好地提高应对能力，降低失败的概率。

经典案例与教训

在美国宇航局（NASA）的历史中，阿波罗 13 号任务就是一个典型的体现墨菲定律的例子。1970 年，阿波罗 13 号的任务原本是第三次载人登月，但在任务途中，服务舱中的氧气罐发生爆炸，导致登月任务被迫取消。尽管事故发生，但 NASA 团队依然成功地将宇航员安全送回地球，这正是得益于对可能失败情况的充分预判和应急措施的完善。阿波罗 13 号的故事告诉我们，虽然错误难以避免，但通过充足的准备和强大的应急能力，我们依然可以在危机中找到生存的机会。

另一个经典的案例是"泰坦尼克号"的沉没。虽然泰坦尼克号被设计为当时最先进的客轮，但由于设计和管理上的疏忽，导致其在撞上冰山后发生了悲剧。船上救生艇的数量不足、对冰山风险的忽视等都是典型的墨菲定律在现实中的体现。如果设计者和管理者能够更多地考虑可能出错的环节，并采取更多预防措施，或许悲剧可以避免。

实用建议

1. 制订备用计划：无论是在生活还是工作中，制订 Plan B 是应对不可预见情况的有效策略。确保在某个计划失败时，有其他方案可以替代，以降低风险。

2. 预留缓冲时间：在规划重要任务时，预留额外的时间来应对可能出现的问题，尤其是在时间紧迫的项目中，留出足够的缓冲时间可以有效减少压力和失误。

3. 细致检查：特别是在涉及技术的任务中，提前进行多次检查可以有效减少错误的发生。比如在发布软件之前，进行多次测试和审查，以确保不会因细节问题导致系统故障。

4. 风险评估与应急措施：对于每一个项目，事先进行风险评估，找出每个可能出错的环节，制订相应的应急措施。这样当问题真的发生时，团队可以迅速反应，最大限度地减少损失。

心理学视角下的墨菲定律

从心理学的角度看，墨菲定律也揭示了人类在面对不确定性时的普遍焦虑。我们倾向于担心最坏的情况，这种倾向可以激励我们更加谨慎和细致，但也可能导致过度焦虑。因此，理解墨菲定律的积极意义，学会用合理的态度看待风险和不确定性，对我们的心理健康同样至关重要。

通过合理地应用墨菲定律，我们可以更好地做好准备、规避风险，增强应对复杂环境的能力。它不仅仅是对"可能出错的事一定会出错"的简单总结，更是一种帮助我们有效地规划和准备的指导原则。

POINT 02
认知失调理论：
内心的矛盾与决策优化

认知失调理论（Cognitive Dissonance Theory）由心理学家莱昂·费斯廷格（Leon Festinger）提出。他指出当我们的行为与信念或价值观不一致时，我们会感到不适，这种不适被称为认知失调。这种内心的冲突会促使我们采取行动，调整行为或信念以减少不适。例如，一个人可能认为健康饮食重要，却常吃快餐，他可能会找借口来合理化自己的行为，以减轻内心的冲突。

实际应用与案例

在消费行为中，认知失调常常表现为"买家后悔"。例如，当一个人购买了昂贵的产品后，如果发现性价比不高，他可能会通过自我说服来减轻不适，比如强调产品的其他优点。此外，在职场中，员工可能因为对公司政策的反感而感到认知失调，为了缓解这种不适，他们可能会通过寻找公司政策的合理性来调整自己的态度。在个人关系中，认知失调也常常表现出来。例如，当一个人对朋友或伴侣做出某些不符合自己价值观的行为时，可能会通过改变对方的看法或者合理化对方的行为来减少内心的不适。

如何应对认知失调

1. **自我反思**：意识到内心的矛盾是解决问题的第一步，通过自我反思可以更好地理解自己的内心冲突来源。

2. **行为调整**：尽量使自己的行为与信念保持一致，例如通过改进习惯来使自己的行为更符合自己的价值观。

3. **寻求支持**：与他人交流，获得外部的观点和建议，可以帮助减少认知失调带来的不适感，也有助于更清晰地看待问题。

4. **重新评估信念**：有时候，我们的信念可能不再适用于当前的情况。重新评估自己的信念，看看是否需要做出调整，以减少认知失调的发生。

心理学视角下的认知失调

认知失调理论在心理学上具有重要意义，它帮助我们理解人类行为的内在动因。人们为了减少内心的不适，往往会进行自我欺骗或调整认知，这一过程在潜意识中进行，很多时候我们甚至没有意识到自己的态度发生了变化。理解这一点，可以帮助我们更好地理解自己和他人的行为。

认知失调理论还在广告、营销、教育等领域得到了广泛应用。例如，在广告中，商家通过引导消费者相信某种产品与他们的价值观相符，来减少消费者的认知失调，从而促进购买行为。在教育中，老师可以通过鼓励学生，将学习与他们的自我认同联系起来，减少学习中的认知失调，提高学习动机。

通过理解认知失调，我们可以更好地理解自己在面对矛盾和冲突时的心理过程，并采取积极的策略来减少这种不适感，做出更加理性的决策。

POINT 03

达克效应：
自我认知与能力的错位

达克效应（Dunning-Kruger Effect）由心理学家大卫·邓宁（David Dunning）和贾斯汀·克鲁格（Justin Kruger）提出，揭示了一个认知偏差：低能力的人往往高估自己，而高能力的人则可能低估自己。这种现象表明，缺乏能力的人往往没有足够的认知来意识到自己的不足，因此会对自己的能力产生过高的评价，而相反，真正有能力的人则可能因为看到了更多的复杂性而低估自己。

实验与理论背景

邓宁和克鲁格在1999年的一项实验中，邀请了一些参与者进行逻辑推理、语法和幽默判断等任务，然后要求他们对自己的表现进行评分。结果显示，客观表现得分最低的参与者通常在自我评估中高估了自己的表现，而客观表现得分最高的参与者则倾向于在自我评估中低估自己。这种"无知的无知"是由于缺乏必要的技能和自我认知。

生活中的达克效应

在日常生活和职场中，这种现象很常见。例如，刚拿到驾照的新手司机可能会过度自信，但在面对复杂交通情况时，往往问题频出。在工作中，一些经验不足的员工可能认为自己已经掌握了所有技能，因而在面对挑战时反应不足。

在教育领域，学生可能会因为低估学习的难度而未能充分准备考试，结果导致成绩不理想。达克效应在社交场合中也很常见，例如，一些人认为自己有很强的社交能力，但实际上他们可能无法正确理解他人的情绪和反应。

如何克服达克效应

1. **保持学习心态**：不断学习和更新自己的知识，避免陷入"自以为是"的陷阱，尤其是在快速变化的领域。

2. **寻求反馈**：主动寻求他人的反馈和建议，帮助自己更清晰地认识自己的能力边界，避免过高估计自己的水平。

3. **自我评估**：通过自我反思和客观评估，认清自己的优点和不足，避免对自己的能力产生误判，并制订改进计划。

4. **与他人比较**：通过与更有经验的人比较，了解自己在某一领域的真实水平，从而更准确地评估自己的能力。

心理学视角下的达克效应

达克效应揭示了自我认知的局限性，以及我们在评估自己能力时容易出现的偏差。理解这一点可以帮助我们更加谦虚地看待自己的技能和知识，不断学习和提升。对管理者来说，理解达克效应也非常重要，因为在团队管理中，一些员工可能会高估自己的能力，从而影响团队的整体绩效。

达克效应提醒我们，在面对复杂任务时，过度自信与自卑都可能会带来严重的后果。因此，保持谦虚、寻求反馈、不断学习是克服这一认知偏差的有效方法。通过理解和应对达克效应，我们可以更好地认识自己的局限，避免因自大而导致的错误决策。

POINT 04

正念冥想：
提升专注力与情绪管理能力

正念冥想（Mindfulness Meditation）源自古老的东方文化，20世纪70年代由乔·卡巴金（Jon Kabat-Zinn）博士推广到西方。正念冥想是一种通过专注于当下的呼吸和身体感觉来提升情绪管理能力和专注力的练习。正念的基础在于观察呼吸，将注意力集中在当下，而不被其他思绪干扰。

正念冥想的好处

1. 缓解压力：研究表明，正念冥想可以显著降低压力水平，帮助人们更好地应对生活中的各种挑战，通过关注呼吸和当下的体验来减轻紧张感。

2. 提升专注力：通过练习正念冥想，个体可以逐渐增强对当下的专注力，减少分心的次数，尤其是在面对复杂任务时。

3. 改善情绪：正念冥想能够帮助人们更好地管理情绪，减少焦虑和抑郁的发生，增加内心的平静感和幸福感。

4. 增强自我意识：通过练习正念冥想，个体可以更好地观察自己的情绪和想法，从而提高自我意识，了解自己内心的真实需求。

如何实践正念冥想

1. **呼吸冥想**：找一个安静的地方，专注于自己的呼吸，每次呼吸时都尽量感受空气的流动，从而帮助自己稳定心情，减少焦虑。

2. **正念进食**：吃饭时尽量放慢速度，关注食物的味道、质地和气味，以增强对当下的体验，避免吃得过快而无法品味食物。

3. **正念步行**：步行时专注于每一步的感觉，注意脚与地面接触的过程，这也是一种非常有效的正念练习，能够帮助我们更好地与身体连接。

4. **正念扫描**：通过身体扫描，将注意力从头到脚逐步集中在身体的每个部分，感受身体的紧张与放松，这有助于放松身心，缓解压力。

正念冥想的实际应用

在职场中，正念冥想被越来越多地应用于员工的压力管理和工作效率的提升。很多公司为员工提供正念冥想课程，帮助他们更好地应对工作中的压力。在教育领域，正念冥想也被引入学校，帮助学生提高专注力和情绪管理能力。

在个人生活中，正念冥想可以帮助我们更好地享受当下的生活，例如在与家人共度时光时，通过正念练习，我们可以更深入地体验到亲情的温暖，减少分心，增强幸福感。

心理学视角下的正念冥想

正念冥想不仅能够提升专注力和情绪管理能力，还与心理健康密切相关。研究表明，正念练习能够减少焦虑和抑郁症状，增加主观幸福感。通过正念练习，个体能够更加冷静地应对生活中的挑战，减少情绪波动，从而保持心理健康。

正念冥想还被应用于治疗多种心理疾病，如焦虑症、抑郁症和创伤后应激障碍（PTSD）。通过正念练习，患者可以学会与自己的情绪和症状共处，减少负面情绪的影响，逐渐恢复心理平衡。

通过理解和实践正念冥想，我们可以更好地管理自己的情绪，增强对生活的掌控感。它不仅仅是一种放松的技巧，更是一种生活方式，可以帮助我们在快节奏的现代社会中找到内心的平静。

POINT 05
原生家庭：
影响人格与情感发展的根源

原生家庭（Family of Origin）指的是个体出生并成长的家庭环境，通常包括父母、兄弟姐妹以及与个体早期成长相关的家庭成员。原生家庭对一个人的人格形成、情感发展、行为模式等方面有着深远的影响。心理学家认为，许多成年人在人际关系、情感表达以及自我认同等方面的问题，都可以追溯到他们在原生家庭中所受到的影响。

理论背景与提出过程

原生家庭的概念来源于家庭系统理论（Family Systems Theory），由心理学家默里·鲍恩（Murray Bowen）在20世纪50年代提出。他认为，家庭是一个相互关联的系统，家庭中的每一个成员都在相互影响。个体在成长过程中从父母那里继承的沟通方式、行为习惯和情感表达模式，都会在成年后影响他们的生活和人际关系。

原生家庭影响的研究涉及到多个心理学领域，包括儿童心理学、发展心理学、家庭治疗等。心理学家指出，家庭环境中的互动模式、父母的养育方式和家庭中的情感氛围等，都会在个体成长过程中内化为他们的思维方式和情感反应。

原生家庭对个体的影响

1. **人格发展**：原生家庭在个体人格形成中扮演着关键角色。父母的教育方式、对待孩子的态度、家庭中的互动模式等，都会影响个体的人格特征。例如，过度控制的家庭环境可能会导致孩子形成内向、焦虑的性格，而鼓励自主和自由的家庭环境则更有可能培养出孩子的自信和创造力。

2. **情感依恋**：依恋理论由心理学家约翰·鲍尔比（John Bowlby）提出，描述了孩子与主要养育者之间的情感联系。原生家庭中依恋关系的类型（如安全型依恋、回避型依恋、矛盾型依恋等）会在个体成年后影响其与伴侣和他人的关系模式。例如，安全型依恋的个体通常在亲密关系中更加自信和稳定，而回避型依恋的个体则可能在情感关系中保持距离，难以真正依赖他人。

3. **情绪调节与应对方式**：原生家庭在个体应对压力和情绪管理方面也有深远影响。父母在面对困难时的应对方式会成为孩子模仿的对象，从而影响孩子处理情绪和应对挑战的能力。如果一个孩子在家庭中看到父母通过积极的方式应对压力，那么他们也更可能形成积极的应对策略；相反，如果父母以逃避或暴力的方式应对压力，孩子也可能在成年后重复这种模式。

经典研究与案例

心理学家萨尔瓦多·米纽琴（Salvador Minuchin）提出了结构家庭治疗（Structural Family Therapy），研究家庭中的权力结构、角色分工及互动模式对个体心理健康的影响。米纽琴认为，家庭中角色的失衡（例如父母角色不清或孩子承担过多的责任）会对个体的心理发展造成负面影响。

另一项著名的研究来自哈罗德·哈洛（Harry Harlow）对恒河猴的实验。他通过安排幼猴与不同类型的"母亲"互动，揭示了早期家庭环境和依恋关系对情感发展的重要性。那些与"柔软母亲"互动的幼猴表现出更高的安全感，而与"冷硬母亲"互动的幼猴则表现出情绪不稳定和社会适应问题。这些发现强调了早期养育环境对个体情感发展的深远影响。

原生家庭在日常生活中的影响

1. 人际关系中的模式重复：原生家庭的行为模式经常在个体成年后的亲密关系中重复。例如，一个在控制性家庭中长大的孩子，可能在成人后表现出对伴侣的强烈依赖或控制倾向。这种行为模式是对在原生家庭中学到的关系模式的无意识延续。

2. 自我认同和价值观：原生家庭的影响不仅表现在与他人的关系上，还体现在个体的自我认同和价值观形成上。如果父母在个体成长过程中总是批评或贬低他们，个体可能会形成低自尊，认为自己不值得被爱；相反，受到父母鼓励和支持的孩子则更可能拥有健康的自我认同感和较高的自尊水平。

3. 应对压力的方式：原生家庭对个体应对压力的方式也有重要影响。例如，一个在父母面前无法表达情绪的孩子，可能在成人后也不善于与他人分享自己的困难，倾向于将情绪内化，甚至可能引发焦虑和抑郁。

如何应对原生家庭的影响

1. 自我觉察：认识到原生家庭对自己行为和情感模式的影响，是改变的第一步。通过心理咨询、反思和阅读相关书籍，可以更好地理解自己在人际关系中的行为来源，从而采取更健康的应对方式。

2. 重塑行为模式：一旦认识到原生家庭的负面影响，个体可以通过学习新的行为和沟通方式来重塑自己的人际关系。例如，学习如何在亲密关系中设立边界，或者如何积极地表达自己的需求和感受。

3. 寻求专业帮助：在某些情况下，原生家庭的影响可能非常深远，难以通过自我调节来解决。这时，寻求专业心理咨询的帮助，可以有效帮助个体理解原生家庭的影响，并学习如何应对和改善自己的人际关系模式。

心理学视角下的原生家庭

原生家庭对个体的影响是复杂而深远的，它不仅塑造了个体的性格特征、情感模式和应对策略，还影响了个体与他人和世界的互动方式。理解原生家庭的影响，可以帮助我们更好地认识自己，并在需要时做出调整，以实现个人成长和改善人际关系的目标。

原生家庭对个人心理发展的作用提醒我们在抚育下一代时应关注家庭环境对孩子的影响。营造一个充满支持、尊重和爱的环境，可以为孩子的健康成长奠定良好的基础，并帮助他们在未来建立健康的自我认同和人际关系。

POINT 06

讨好型人格：
对他人认可的极度依赖

讨好型人格（People-Pleasing Personality）是一种心理特征，表现为个体为了获得他人的认可和接纳，不断压抑自己真实的需求，优先满足他人期望的行为模式。讨好型人格通常源于内心对被拒绝的强烈恐惧，个体通过对他人的迎合来避免冲突和获得情感上的安全感。这种行为模式尽管在短期内可能带来某些社交的和谐，但长期来看却往往导致个体自尊心的受损和内心的疲惫。

理论背景与提出过程

讨好型人格并不是由某一个心理学家独立提出的，而是逐渐从心理动力学、行为主义和依恋理论等多个角度得以研究和发展。它与个体早期的依恋关系、家庭环境、以及社会性行为强化的过程密切相关。

在心理动力学理论中，讨好型人格被视为个体在早期家庭环境中因缺乏稳定的情感支持而发展出的一种应对策略。例如，父母对孩子的表现非常苛刻，只有在符合特定行为标准时才给予情感支持，孩子便可能逐渐学会压抑自己的情感和需求，去迎合父母的期望，从而形成讨好型人格。

行为主义角度认为，讨好行为得到了来自他人的正强化（如赞美、接纳），因此个体逐渐将这种行为内化为一种习惯。而依恋理论则强调，个体在童年期与主要照护者之间的依恋模式可能影响其成年后的行为方式，讨好型人格常与焦虑型依恋模式有关，个体为了确保自己不会被忽视或抛弃，发展出了一种通过迎合他人来维持关系的模式。

讨好型人格的主要特征

1. **难以拒绝他人的请求**：讨好型人格的一个显著特征是难以对他人说"不"。他们往往在被要求做某件事时，即使内心不愿意，也会强迫自己答应，因为害怕拒绝会破坏与他人的关系。

2. **过度关注他人感受**：讨好型人格的人常常过度关注他人的感受，并且不断调整自己的行为以迎合他人，忽视自己的真实想法和需求。这种对他人感受的关注使他们常常处于紧张的状态，害怕一旦做错事就会让他人失望。

3. **追求外界的认可和赞赏**：这类人格的人往往非常在意外界对自己的评价，喜欢通过帮助他人、满足他人需求来获得认可和赞赏。当没有得到外界的肯定时，他们会感到不安和自我怀疑。

4. **自我忽视与压抑**：讨好型人格的一个核心问题是自我忽视。为了避免冲突和争端，个体往往会压抑自己的需求和感受，从而失去自我认同感，长期下来可能导致心理疲惫和自尊心受损。

讨好型人格的成因

1. **早期家庭环境**：讨好型人格的形成往往与个体的成长环境密切相关。如果在童年时期，孩子生活在一个父母情感支持不足、对孩子要求苛刻的环境中，孩子为了获得父母的认可和关爱，可能会学会讨好父母，以避免责备和惩罚。

2. **社交环境中的强化**：在社交环境中，如果个体的讨好行为被他人的认可和赞美所强化，这种行为模式就可能不断被加强。久而久之，个体便会把讨好行为作为与他人建立关系的主要方式。

3. **对冲突的恐惧**：讨好型人格还可能与个体对冲突和拒绝的恐惧有关。讨好行为被视为避免冲突的方式，个体通过迎合他人来换取和谐的人际关系，以此减少焦虑感。

讨好型人格的实际影响

1. **对自我健康的影响**：讨好型人格的人往往过度压抑自己的需求，长期以他人为重，容易导致心理上的疲惫和情感耗竭。这种持续的自我忽视可能带来焦虑、抑郁等心理健康问题。

2. **人际关系中的困境**：虽然讨好行为在短期内可能减少冲突，但从长期来看，这种行为会导致不健康的人际关系。个体可能会因为缺乏自我界限，逐渐对他人的期望和要求感到不满，甚至最终爆发出强烈的负面情绪，从而破坏关系。

3. **职业生涯的困扰**：在工作场所中，讨好型人格的个体可能会因为难以拒绝同事或上级的要求而承担过多的工作，导致职业倦怠。同时，由于习惯于迎合他人，他们可能会缺乏独立的判断和决策能力，影响职业发展。

如何应对讨好型人格

1. **建立自我界限**：学会建立清晰的自我界限是应对讨好型人格的重要步骤。个体需要明确哪些是自己愿意承担的责任，哪些是他人的要求，尝试在适当的时候说"不"，以保护自己的时间和精力。

2. **增强自我认同感**：讨好型人格往往源于对自我价值的低认同。通过自我肯定和自我接纳，个体可以逐步增强对自己能力和价值的认同，减少对外界认可的过度依赖。

3. 学习健康的沟通方式：个体可以通过学习健康的沟通技巧来减少与他人的冲突。例如，使用"我"语言表达自己的需求，而不是一味迎合对方。这种方式既能让对方理解你的感受，也能在不破坏关系的前提下表达自己。

心理学视角下的讨好型人格

讨好型人格的形成深刻反映了个体对社会接纳的渴望和对自我价值的怀疑。虽然讨好行为在某些社交场合可能带来积极的结果，但它本质上是一种缺乏自我认同感的行为模式，长此以往会对心理健康和人际关系带来负面影响。

通过理解讨好型人格的成因和特征，我们可以更好地认识到这种行为模式背后的心理机制，进而通过自我调整和心理成长，逐步建立更健康的自我认同感和人际互动方式，最终实现内心的平衡和幸福。

POINT 07

自我效能感：
激发潜能与成就的心理学动力

自我效能感（Self-Efficacy）是由心理学家阿尔伯特·班杜拉（Albert Bandura）提出的重要概念，指个体对自己在特定情境下完成任务的能力的信念。自我效能感的强弱直接影响我们对挑战的应对方式，以及在面对困难时是否能够坚持。班杜拉认为，自我效能感是影响行为、动机和情绪的重要心理因素。

自我效能感的来源

1. **成就经验**：成就经验是自我效能感最重要的来源。每当我们成功完成一项任务，就会增强对自己能力的信心。例如，一个学生在多次考试中取得好成绩后，他对学习的自信心会显著提高。这种成功的积累可以帮助我们在面对新的挑战时更加自信。

2. **替代经验**：通过观察他人，特别是与自己相似的人，成功完成某项任务，我们也会增强自己的自信心。例如，一个刚开始学习游泳的人，看到和自己水平相当的朋友成功学会游泳，这会让他更加相信自己也能做到。

3. **言语劝说**：他人的鼓励和支持对增强我们的自我效能感也起着重要作用。当一个人得到老师、家人或朋友的正面反馈和鼓励时，他会更有信心去面对困难和挑战。

4. 生理和情绪状态：我们的生理反应和情绪状态也会影响自我效能感。例如，当我们感到紧张或焦虑时，可能会对自己的能力产生怀疑；而当我们保持冷静和积极的情绪时，自我效能感会更强。

实际应用与案例

自我效能感在教育、工作和个人生活中都有广泛的应用。在教育领域，教师可以通过帮助学生设定适合的学习目标、提供积极的反馈等方式来提高学生的自我效能感。例如，一位老师可以通过将大任务分解为多个小任务，让学生逐步完成，从而增强他们对学习的信心。

在工作场所，员工的自我效能感会影响他们的工作绩效和职业发展。管理者可以通过提供适当的培训和指导，设立清晰的目标以及给予积极的鼓励来提高员工的自我效能感。例如，团队中的新成员在得到前辈的指导和认可后，会更加自信地完成任务。

在个人生活中，自我效能感对于实现个人目标和面对生活挑战至关重要。例如，一个想要减肥的人可以通过设立小的阶段性目标，如每周减重一公斤，并在每次成功后给予自己积极的奖励，从而逐步建立自我效能感，最终实现减肥目标。

如何提升自我效能感

1. 设立可行的目标：通过设立清晰而可行的目标，并在每个阶段完成后给予自己奖励，可以有效增强自我效能感。成功的经历能够积累我们的信心，使我们更加愿意面对新的挑战。

2. 寻求榜样：观察他人的成功，特别是与自己有相似背景的人，可以增强对自己能力的信心。例如，阅读成功人士的故事或聆听他们的演讲，可以帮助我们更好地激发自我效能感。

3. 接受积极的反馈：积极的反馈和支持对自我效能感有很大的影响。尽量与那些能够提供建设性建议和正面鼓励的人交流，从他们的反馈中获得力量。

4. 保持积极的情绪：学习管理自己的情绪，避免因紧张和焦虑影响对自己能力的判断。通过冥想、运动等方式保持积极的情绪状态，可以有效提升自我效能感。

心理学视角下的自我效能感

自我效能感不仅影响我们的行为，还与动机、情绪密切相关。一个人如果相信自己能够完成任务，那么他会更加努力，并且在面对困难时更加坚持不懈。与之相反，如果一个人缺乏自我效能感，哪怕能力足够，也可能因为缺乏信心而放弃。

班杜拉的自我效能感理论提醒我们，信念的力量是巨大的。通过不断提升自我效能感，我们可以在面对生活的各种挑战时更加自信和坚定。这不仅有助于实现个人目标，还能帮助我们在充满不确定性的世界中保持心理健康和积极的生活态度。

POINT 08

心流：
提升专注力与幸福感的秘诀

心流（Flow）是一种高度集中且完全沉浸于某项活动的心理状态，由心理学家米哈里·契克森米哈赖（Mihaly Csikszentmihalyi）提出。当我们处于心流状态时，时间仿佛静止，外界的干扰消失，个人全然专注于当前的活动，并从中获得极大的满足感和幸福感。心流被认为是提高创造力、工作效率和生活满意度的关键。

心流的特征

1. **高度专注**：心流的最显著特征就是高度的专注。处于心流状态时，个体会完全沉浸于当前的任务，外界的干扰几乎不会影响他们。

2. **清晰的目标和即时反馈**：在心流中，个体会设定明确的目标，并且能够在每个步骤中获得即时反馈。例如，在绘画时，每一笔的进展都能立即看到结果，这种即时反馈会进一步增强心流的体验。

3. **时间感的改变**：处于心流状态时，个体会失去对时间的感知，可能感觉几个小时过去得非常快。这是因为全神贯注的状态使得大脑对时间的处理变得次要。

4. **自我意识的消失**：在心流中，个体对自我意识的关注减少，完全融入到任务中，感受到一种与活动的"合一"感。

如何进入心流状态

1. **选择有挑战性的任务**：心流通常出现在那些既有挑战性又能够激发个人兴趣的任务中。例如，在工作中，设定一个有难度但又可以实现的目标，能够更容易地进入心流状态。任务如果太简单会导致无聊，太难则会引发焦虑，找到适合的平衡点是关键。

2. **设定清晰的目标**：明确的目标和即时反馈是进入心流的关键。设定具体的目标，确保自己知道要完成什么，这样可以使注意力更加集中。

3. **消除干扰**：创造一个有利于专注的环境，尽量消除外界的干扰。例如，关闭不必要的电子设备通知，选择一个安静的工作空间，能够帮助我们更快地进入心流状态。

4. **专注于过程而非结果**：心流状态下，个体更多地关注过程本身，而不是最终的结果。比如，在跑步时，享受每一步的节奏，而不是仅仅关注跑完后的成绩。

心流的实际应用

1. **工作中**：在工作中，心流可以帮助提高工作效率和创造力。例如，程序员在编写代码时，进入心流状态可以让他们长时间保持专注，从而高效地完成任务。通过设定阶段性的小目标和创造一个无干扰的环境，可以帮助员工更容易地进入心流。

2. **学习中**：学生在学习时如果能够进入心流状态，学习效率和理解能力都会显著提高。例如，在学习新技能时，通过逐步挑战自我、保持专注，可以更好地享受学习的过程，从而达到心流状态。

3. **运动中**：运动员在比赛时常常会进入心流状态，这种状态可以让他们在比赛中发挥出最佳水平。例如，篮球运动员在投篮时完全专注于手中的篮球和篮筐之间的关系，仿佛整个世界只有自己和篮球，这就是心流的体现。

心理学视角下的心流

心流状态不仅提升工作效率和创造力，还与幸福感密切相关。契克森米哈赖的研究表明，心流体验与主观幸福感有显著的正相关关系。当我们全身心投入到有意义的活动中时，会体验到一种深层次的满足感和成就感，这种状态对心理健康至关重要。

心流还可以帮助人们应对焦虑和压力。当一个人完全专注于当前的任务时，焦虑和负面情绪往往会减少。因此，培养进入心流的能力可以成为一种有效的情绪调节策略，有助于减少压力，提升整体生活质量。

通过理解和应用心流的概念，我们可以更好地管理自己的专注力，找到生活中的乐趣和满足感。无论是在工作、学习还是娱乐活动中，心流都是提升生活质量的重要工具。

POINT 09

自我意识：
理解自我与认知的核心

自我意识（Self-Awareness）是指个体对自身的认识与觉知，包括对自身情绪、行为、感受、信念等方面的认知和理解。自我意识是人类独特的心理能力之一，是我们理解自己在世界中的位置并对自己的行为做出反应的重要途径。它不仅影响我们的情绪体验，还对我们的决策和人际关系有深远的影响。

理论背景与提出过程

自我意识的研究起源于哲学和心理学的交汇点。哲学家笛卡尔（René Descartes）以"我思故我在"强调了自我意识的重要性。现代心理学中，心理学家威廉·詹姆斯（William James）是最早深入探讨自我意识的人之一，他在其经典著作《心理学原理》中，将"自我"分为"认识到的自我"和"被他人看到的自我"，指出了自我意识的不同侧面。

后来，心理学家谢尔夫（Shelley Duval）和维克兰德（Robert Wicklund）在20世纪70年代提出了自我意识理论，进一步阐明了自我意识的类型和其对行为的影响。按照他们的理论，自我意识可分为两类：私人自我意识（对自己内在情感和信念的觉察）和公众自我意识（对他人如何看待自己的觉察）。

自我意识的类型

1. 私人自我意识：这是个体对自己内在情绪、想法和感觉的认知。高私人自我意识的人通常能够敏锐地觉察到自己的情感变化，更加关注内在的自我体验。这种类型的自我意识可以帮助个体在面对挑战和压力时进行有效的自我反思和情绪调节。

2. 公众自我意识：这是对他人如何看待自己的认知。公众自我意识使得个体能够敏锐地意识到他人对自己的评价，从而在行为中表现出更符合社会期望的举止。高公众自我意识的人可能更加在意自己的外在表现和社交形象，在人际交往中更加注重如何被他人看待。

经典实验与研究

在 1972 年，谢尔夫和维克兰德进行了一项经典的实验，以研究自我意识对行为的影响。他们让被试在镜子前回答问题，发现那些在镜子前的被试更倾向于诚实回答，表现出更强的自我约束。这说明，当人们被引导去审视自己时，更容易对自己的行为负责，这也就是所谓的"镜子效应"。

另一项著名的研究是由菲利普·津巴多（Philip Zimbardo）进行的"匿名性与自我意识实验"。在这个实验中，被试者穿上统一的服装和面具，使他们的身份被隐藏。结果发现，这些被试者的攻击性显著增加，说明低自我意识和高匿名性可能导致更冲动的行为。由此可见，自我意识的缺乏可能导致行为的失控和社会规范的减弱。

自我意识的作用与实际应用

1. 情绪调节：自我意识对于情绪调节至关重要。通过对自己的情绪进行觉察和识别，个体可以更好地控制自己的反应，减少不适当的情绪爆发。例如，当一个人感到愤怒时，通过自我意识可以意识到这种情绪并分析其原因，从而采取更适当的行动。

2. 人际关系的改善：高公众自我意识的人通常更善于理解他人对自己的看法，这有助于在社交场合中做出得体的举止，避免冒犯他人。例如，在工作场所，具备自我意识的员工能够更好地理解同事的需求和期望，从而在团队合作中表现得更有效。

3. 个人成长与自我反思：自我意识的提高可以帮助个体进行深刻的自我反思，从而发现自己的优势和不足，促进个人成长和发展。通过记录日记、冥想等方式，个体可以深入了解自己的情感和思维模式，从而更好地调整自己的目标和行为。

如何提升自我意识

1. 保持反思习惯：通过写日记或进行自我提问来反思自己的行为和情绪反应，可以逐渐提高自我意识。例如，记录下每天的感受和行为，以及它们对自己的影响，这种习惯可以帮助个体发现自己的行为模式并进行调整。

2. 练习正念冥想：正念冥想是一种有效的方式，通过专注于当下的体验，个体可以提高对自己内在情绪和身体感觉的觉知，从而提高私人自我意识。这种练习不仅有助于情绪管理，还可以减少焦虑和压力。

3. 接收他人反馈：通过与他人交流，获取他人对自己的看法，有助于提升公众自我意识。这种反馈可以帮助个体认识到自己在社交环境中的表现，从而更加自如地调整自己的行为。

心理学视角下的自我意识

自我意识是人类心理发展和社会行为的核心，它帮助我们理解自己、管理情绪、并在复杂的社交环境中进行有效的互动。通过增强自我意识，我们能够更好地掌握自己的生活，并在情绪调节、目标设定和人际交往中表现得更加成熟和有效。

自我意识还具有重要的社会功能，它使得人们能够理解并尊重社会规范，从而为群体和社会的和谐发展做出贡献。通过提高自我意识，我们不仅可以实现个人的心理成长，还能够为人际关系和社会互动创造更加积极的环境。

POINT
10

心理账户：
我们如何看待和管理金钱

　　心理账户（Mental Accounting）是行为经济学中的一个重要概念，由诺贝尔经济学奖得主理查德·泰勒（Richard Thaler）提出。心理账户指的是人们在头脑中将金钱分配到不同的"账户"中，用以管理和使用，这种行为并不总是符合经济理性。例如，我们可能会把奖金看作是可以随意花费的钱，而把工资看作是必须要用于生活开支的钱，尽管两者的经济价值是相同的。

心理账户的特征

　　1. 分类管理：人们倾向于将不同来源的金钱进行分类管理，例如把日常工资、年终奖金和彩票中奖分别归类为不同的"账户"，并根据这些分类来决定如何使用金钱。

　　2. 用途区分：人们会为不同的心理账户设定不同的用途，比如将工资用于生活开销、将奖金用于旅行或奢侈消费。这样做虽然能帮助我们厘清金钱的用途，但有时会导致不合理的决策。

　　3. 非理性消费：由于心理账户的存在，人们有时会在"额外收入"上花费得更多，而在"日常收入"上更加节省。这种行为并不符合传统经济学中理性最大化的原则。

实际应用与案例

心理账户在日常生活中非常普遍。例如，当人们收到退税或年终奖金时，往往会将这些钱看作是"意外之财"，并倾向于用于奢侈品消费或娱乐活动，而不是用于储蓄或还债。这样的行为可能并不符合经济上的最佳选择，但却符合人们对不同账户的心理定位。

在金融市场中，投资者也会受到心理账户的影响。例如，一些投资者会把"本金"和"收益"视为两个不同的账户，愿意用收益去冒更大的风险，而不愿意动用本金进行相同的投资。这样做虽然在心理上降低了风险感，但从整体来看，投资决策的风险水平并没有改变。

如何管理心理账户

1. 统一看待所有收入：试着把所有收入都看作是整体财务的一部分，而不是分割成不同的账户。这样可以帮助我们在做财务决策时更加理性，避免因为心理账户的存在而做出不合理的选择。

2. 设定财务目标：根据整体财务状况设定明确的目标，比如储蓄、投资和消费计划。这样可以帮助我们更加理性地使用金钱，避免因心理账户而导致冲动消费。

3. 审视自己的消费行为：反思自己的消费习惯，识别哪些行为是因为心理账户的影响而产生的，从而逐步培养更为理性的金钱管理方式。

心理学视角下的心理账户

心理账户的概念揭示了人类在金钱管理中的非理性行为。虽然这种分类管理可以帮助人们厘清财务，但也可能导致不合理的消费决策。理解心理账户可以帮助我们在做财务决策时更加理性，减少由于分类管理而产生的不必要开销。

通过改变对金钱的看法，减少心理账户的影响，我们可以更加有效地管理财务，增强财务自由感。这不仅对个人生活有益，还能帮助我们更好地实现长期财务目标。

POINT

11

习得性无助：
无力感的根源

习得性无助（Learned Helplessness）是心理学家马丁·塞利格曼（Martin Seligman）提出的概念，指个体在经历了重复的、不可控的负面事件后，形成的一种对控制环境和改变结果的无力感。习得性无助会导致个体在面对问题时不再尝试，哪怕有机会成功，他们也可能由于过去的失败经验而放弃努力。

习得性无助的实验与研究

塞利格曼的经典实验是在狗身上进行的。实验中，狗被分为两组，其中一组可以通过按下按钮停止电击，而另一组无论如何都无法停止电击。经过一段时间后，那些无法控制电击的狗，即使在新环境中有机会逃脱电击，也不再尝试，因为它们已经习惯了无助。这种状态被称为习得性无助。

生活中的习得性无助

习得性无助不仅出现在实验中，也广泛存在于我们的日常生活中。例如，长期被工作压力压得喘不过气的人，可能会觉得自己无力改变现状，从而陷入消极和被动的状态；学生在学业上多次失败后，可能会对学习失去信心，认为自己再怎么努力也无法取得好成绩。

在人际关系中，习得性无助也非常常见。例如，经历过几次失败的感情后，有些人可能会对未来的感情失去信心，认为自己永远无法找到合适的伴侣，因而不再主动去追求幸福。

如何克服习得性无助

1. **培养控制感**：尝试在日常生活中设立一些小目标，并逐步实现它们，以此来增强对生活的控制感和自信心。

2. **重新定义失败**：将失败视为学习的机会，而不是对个人能力的否定。失败是成长的必经之路，重要的是从中吸取教训，而不是让失败定义我们。

3. **积极的自我对话**：学会用积极的语言与自己对话，改变负面思维模式。例如，不再对自己说"我做不到"，而是"这次我可以尝试其他方法"。

4. **寻求社会支持**：与信任的朋友或心理咨询师交流，获得他们的支持和帮助，有助于改变对困境的看法，增强自我效能感。

心理学视角下的习得性无助

习得性无助对心理健康有着深远的影响，尤其是在抑郁症的发生机制中扮演了重要角色。长时间的无助感会让个体陷入一种消极的思维模式，认为自己无法控制生活中的任何事情，从而引发抑郁情绪。理解习得性无助的原理，可以帮助我们更好地应对生活中的困难，通过重新掌握对生活的控制权，逐步走出无助的状态。

在教育和工作环境中，帮助他人克服习得性无助也十分重要。教师和管理者可以通过给予适当的鼓励和反馈，帮助学生和员工重建自信，相信他们有能力应对挑战并取得成功。

POINT 12

社会认同理论：群体归属感与自我概念的形成

社会认同理论（Social Identity Theory）由心理学家亨利·泰费尔（Henri Tajfel）和约翰·特纳（John Turner）提出，用以解释人们如何通过对群体的归属感来形成自我概念。社会认同是我们将自己与某一特定群体联系起来的过程，这一过程不仅影响我们的自我概念，还影响我们的态度和行为。

社会认同的过程

社会认同的过程通常包括三个主要阶段：分类、认同和比较。

1. 分类：我们倾向于将自己和他人进行分类，归入不同的群体，例如根据性别、民族、职业等。通过这种分类，我们可以对复杂的社会环境进行简化。

2. 认同：在分类之后，我们会选择认同某个群体，并将该群体的特征内化为自我概念。例如，当一个人认同自己的职业身份时，他会把职业的价值观、行为规范等作为自己的标准。

3. 比较：我们通过与其他群体的比较来维持自尊，往往倾向于夸大自己所属群体的优越性，贬低其他群体，以此来增强自我价值感。

社会认同的实际应用

社会认同在我们的日常生活中有广泛的体现。例如，企业文化的建设就是为了增强员工对公司的认同感，从而提高团队凝聚力和工作积极性。一个员工如果对公司有强烈的归属感，他在工作中往往会更加努力，愿意为公司的目标而奋斗。

在政治领域，政党和群体的归属感也深刻影响人们的政治立场和行为。例如，人们可能会因为自己认同的政党而支持某项政策，即便他们对政策本身并不了解。这种现象显示了社会认同对个人决策的深刻影响。

社会认同与偏见

社会认同理论还解释了群体偏见和歧视的产生原因。当我们对自己所属的群体有强烈的认同感时，往往会对其他群体产生偏见，这就导致了群体之间的冲突。例如，某个学校的学生可能会因为对自己学校的强烈认同而对其他学校的学生产生负面看法。这种偏见虽然有助于增强内部群体的团结，却可能带来社会冲突和分裂。

如何发挥社会认同的积极作用

1. **加强包容性**：通过创建包容和多元的群体文化，可以减少群体之间的偏见和歧视。例如，公司可以通过多样化的团队建设来增强员工之间的理解和合作。

2. **跨群体合作**：鼓励不同群体之间的合作可以有效减少偏见。例如，在学校中组织跨班级的合作活动，可以让学生们通过合作来建立友谊，从而减少对其他群体的成见。

3. 重视个体特质：除了群体归属外，鼓励人们重视自己的个体特质，有助于减少过度依赖群体认同带来的负面影响。这样可以帮助人们在群体之外找到自我价值，从而改变对其他群体的敌对态度。

心理学视角下的社会认同

社会认同理论帮助我们理解了群体归属感对自我概念的影响。虽然群体认同可以增强自尊和归属感，但它也可能导致群体偏见和社会冲突。因此，理解社会认同的机制，并通过包容和合作来减少偏见，对于建设更加和谐的社会具有重要意义。

通过促进不同群体之间的理解和合作，我们可以有效减少社会中的偏见和冲突，增强社会的凝聚力和包容性。这不仅对个体的心理健康有益，还可以帮助我们构建更加积极的社会环境。

POINT 13

内在动机与外在动机：
驱动行为的两大力量

内在动机（Intrinsic Motivation）和外在动机（Extrinsic Motivation）是推动人类行为的两大主要力量。内在动机指的是个体因为对活动本身的兴趣、满足和愉悦而从事某项活动，例如出于对知识的渴望而学习。外在动机则是指个体因为外部的奖励或压力而采取某种行为，例如为了获得金钱、奖励或避免惩罚而工作。

内在动机与外在动机的特征

内在动机的特征是个体对活动本身充满兴趣和热情，行为的驱动力来自活动所带来的内在满足感。例如，一个音乐爱好者每天练习乐器，是因为他喜欢音乐带来的成就感和愉悦感，而不是为了获得外部的奖赏。

外在动机则主要受到外部因素的驱动，例如奖励、赞扬或避免惩罚。当一个人受到外部奖励的激励而采取某种行为时，这种行为就是由外在动机所推动的。例如，一个学生为了获得好成绩而学习，这种动机就是外在的，因为学习的目标是获得外部的认可。

内在动机与外在动机的关系

内在动机与外在动机并不是互相排斥的，两者常常是相辅相成的。例如，一个人可能一开始是因为外在的奖励而参与某项活动，但随着时间的推移，他可能逐渐对这项活动产生兴趣，从而形成内在动机。相反，如果对内在动机活动的奖励过多，可能会削弱原有的内在动机，这种现象被称为"过度理由效应"（Overjustification Effect）。

内外动机的实际应用

1. **教育领域**：在教育中，教师可以通过激发学生的内在动机来提高学习的效果。例如，通过让学生选择自己感兴趣的课题进行研究，可以帮助他们更好地投入学习中。而适度的奖励也可以作为对努力的认可，以增强外在动机。

2. **职场激励**：在工作中，管理者可以通过给予员工一定的自由度和挑战性的任务来激发他们的内在动机，例如让员工参与决策和创造性项目。与此同时，合理的薪酬和奖励制度也可以增强员工的外在动机，促使他们为公司目标而努力。

3. **个人成长**：在个人生活中，我们可以通过设立对自己有意义的目标来激发内在动机，例如学习一项新技能或参加体育锻炼。而外在动机，例如设定奖励或加入同伴竞争，也可以帮助我们在短期内更快地达到目标。

如何激发内在动机

1. **寻找兴趣点**：尝试找到自己在某项活动中的兴趣点，通过将活动与自己的兴趣结合，增强对活动的投入感。

2. **设立有挑战性的目标**：设立有适度挑战性的目标，可以激发内在动机，因为克服挑战能够带来成就感和满足感。

3. **提高自主性**：当人们拥有自主选择的权利时，他们更有可能被内在动机驱动。因此，在生活和工作中，尽量让自己对活动有更多的控制权。

4. **专注于过程而非结果**：过度关注外部的结果可能会削弱内在动机，因此，专注于活动本身的乐趣和成长更有助于维持内在动机。

心理学视角下的内外动机

内在动机和外在动机共同构成了人类行为的动力系统。心理学研究表明，内在动机与长期的行为持续性和幸福感有更强的关联，而外在动机则在短期目标的达成中起着重要作用。因此，在生活和工作中，合理结合内外动机，可以帮助我们在保持积极心态的同时，更有效地实现目标。

通过理解内在动机与外在动机的作用，我们可以更好地激发自己的潜力，增强对生活的掌控感。无论是在学习、工作还是个人成长中，都可以利用两种动机的结合来达到最优的行为表现和心理状态。

POINT 14
自我决定理论：动机、自主性与心理健康

自我决定理论（Self-Determination Theory，简称 SDT）由心理学家爱德华·德西（Edward Deci）和理查德·瑞安（Richard Ryan）提出，旨在解释人类动机的来源及其对行为和心理健康的影响。该理论强调自主性、胜任感和关系性这三种基本心理需求的满足对于促进内在动机和整体心理健康的重要性。

自我决定理论的三大核心需求

1. 自主性：自主性是指个体对自己的行为和决定具有控制权，感受到自由选择和意志的体现。当人们感到他们的行为是由自己决定的，而不是被外部强加的，他们更有可能感到满足和被激发动力。例如，一个学生选择学习自己感兴趣的课程，通常会表现出更强的学习动机和更高的满意度。

2. 胜任感：胜任感是指个体感受到自己的能力足以完成某项任务，并获得成就感。胜任感的满足能够激发人们的内在动机，促使他们在完成任务时更加专注和投入。例如，一位员工在完成具有挑战性的项目后获得了正面反馈，这会增强他的胜任感和继续努力的动力。

3. 关系性：关系性是指个体与他人建立亲密、支持和理解的关系的需求。良好的社交关系可以促进个体的心理健康，使人们在面对挑战时能够获

得支持和力量。例如，与同事建立信任和合作的关系，可以增强员工对工作的投入感和幸福感。

自我决定理论的实际应用

1. 教育领域：在教育中，教师可以通过给予学生选择的机会和自主权，来增强他们的自主性。同时，通过设定适当的学习目标和提供积极的反馈，可以增强学生的胜任感。此外，建立师生之间的信任和理解关系，有助于满足学生的关系性需求，从而提升学习动机和成就。

2. 职场管理：在工作环境中，管理者可以通过给予员工更多的决策自由和参与机会，来增强他们的自主性。提供培训和支持，帮助员工提高技能，可以增强他们的胜任感。通过建立积极的团队氛围，促进员工之间的合作和支持，可以满足关系性需求，进而提高员工的工作满意度和绩效。

3. 个人成长：在个人生活中，我们可以通过设立符合自己兴趣的目标，增强对生活的自主感；通过学习新技能并不断挑战自己，可以提高胜任感；而与家人和朋友保持积极的关系，可以满足关系性需求，提升整体幸福感。

自我决定理论与心理健康

自我决定理论强调，满足自主性、胜任感和关系性这三种基本心理需求，对于促进心理健康和内在动机至关重要。当这三种需求得到满足时，个体更有可能体验到内在的动力、积极的情绪和幸福感。而当这些需求得不到满足时，则可能导致焦虑、抑郁和动力缺乏。

例如，当一个人感到自己缺乏自主性，被迫从事不喜欢的工作时，他可能会感到沮丧和无助。而当他感到有能力完成工作任务，并得到同事和家人的支持时，他的内在动机和幸福感都会显著提高。因此，通过理解和应用自我决定理论，我们可以更好地满足自己的心理需求，增强生活的积极性和幸福感。

POINT 15
认知重构：改变思维方式以改变情绪

认知重构（Cognitive Restructuring）是认知行为疗法中的一种重要心理技术，用于帮助个体识别和改变那些导致负面情绪和行为的非理性或扭曲的思维方式。通过认知重构，个体能够学习如何调整自己的思维，以应对生活中的挑战和压力，从而改善情绪状态，提高生活质量。

认知重构的基本原理

认知重构的核心理念是，情绪和行为是由思维方式决定的。如果一个人经常产生负面的自动化思维（如"我总是失败"或"没有人喜欢我"），那么他们就更有可能感到焦虑、抑郁或愤怒。通过认知重构，个体可以重新审视这些扭曲的思维，找到更加现实和更具建设性的想法来取代它们。

认知扭曲的类型

认知扭曲是指一些常见的、不合理的思维模式，认知重构的目标之一就是帮助个体识别这些扭曲的思维方式。常见的认知扭曲类型包括：

1. 以偏概全：从一个单一的负面事件中推断出普遍的结论，例如"我这次失败了，所以我永远不会成功"。

2. **灾难化思维**：总是预期最糟糕的结果，例如"如果我在演讲时出错，大家一定会嘲笑我"。

3. **"全"或"无"思维**：以极端的方式看待事情，没有中间地带，例如"如果我不能做到完美，那我就是彻底失败"。

4. **个人化**：将事情的责任全部归咎于自己，即使那些事情实际上是由其他原因导致的。

认知重构的步骤

认知重构包括几个关键步骤，旨在帮助个体更好地理解并改变负面思维模式：

1. **识别负面自动化思维**：首先，个体需要学会意识到自己的负面自动化思维，例如在遇到困境时出现的"我肯定不行"这样的想法。

2. **挑战不合理的思维**：质疑这些负面思维的真实性，寻找证据来支持或反驳它们。例如，问自己"真的没有任何人支持我吗"。

3. **寻找替代性思维**：找到更为合理和积极的替代性思维，例如将"我永远不会成功"替换为"虽然我这次没有成功，但我可以从中学到经验，下次做得更好"。

4. **实践和强化**：通过不断练习新的思维方式，将其逐渐内化为一种习惯，从而在面对类似情况时能够自然地运用更为积极的认知方式。

认知重构的实际应用

1. **应对焦虑和抑郁**：认知重构在治疗焦虑和抑郁方面非常有效。通过改变那些让人感到无助和绝望的思维方式，患者能够逐渐减少负面情绪的影响，并学会用更加积极和现实的方式看待生活中的困难。

2. 提升自尊：认知重构有助于改变对自我的负面评价。例如，一个人可能总是觉得自己"没有价值"，通过认知重构，可以学会重新审视自己的优点和成就，从而提高自尊心。

3. 改善人际关系：认知重构也可以帮助人们改善人际关系。通过挑战和质疑对他人的负面假设，例如"他没有回应我，不一定是因为不喜欢我"，个体可以减少误解，增强对他人的理解和包容。

心理学视角下的认知重构

认知重构的目标在于帮助个体改变他们对事件的看法，而不是试图改变事件本身。研究表明，能够进行认知重构的人在面对压力和挫折时，更容易保持心理弹性和积极的心态。通过学习如何改变自己的思维方式，我们可以更好地应对生活中的挑战，提升情绪的稳定性和整体幸福感。

通过掌握认知重构的技巧，我们可以在面对消极情绪和压力时，找到新的视角和应对方式。这不仅有助于改善我们的情绪状态，还能够让我们在生活中更加灵活和更有应对能力，从而增强整体心理健康。

POINT 16

成长型思维模式：
如何培养持续学习和成长的心态

成长型思维模式（Growth Mindset）是心理学家卡罗尔·德韦克（Carol Dweck）提出的重要概念，指的是个体相信通过努力和学习，可以不断提升自己的能力和智力。与之相对的是固定型思维模式（Fixed Mindset），即认为能力和智力是固定不变的。成长型思维模式能够帮助个体在面对挑战和失败时保持积极心态，从而实现持续成长和进步。

成长型思维模式的特征

1. **相信能力是可发展的**：拥有成长型思维模式的人认为，能力和智力并非一成不变，而是可以通过努力不断提升的。这种信念使他们在面对困难时，更加愿意去尝试和挑战。

2. **把失败视为学习机会**：成长型思维模式的人不把失败视为对自己能力的否定，而是看作宝贵的学习经验。他们会从失败中找出原因，努力改进，以便在下一次做得更好。

3. **专注于过程而非结果**：成长型思维模式的人更注重学习和成长的过程，而不是单纯追求最终的结果。他们理解，成长需要时间和积累，而每一次的努力都会带来进步。

成长型思维模式与固定型思维模式的区别

固定型思维模式的人认为自己的能力和智力是无法改变的，因此在面对挑战时，他们更容易感到恐惧和焦虑，担心失败会证明自己的不足。他们倾向于选择容易的任务，以避免失败所带来的挫败感。而成长型思维模式的人则愿意接受挑战，因为他们相信每一次尝试都是进步的机会。

如何培养成长型思维模式

1. **接受挑战**：主动寻找具有挑战性的任务，并在过程中培养应对困难的能力。即使遇到挫折，也要把它看作是提升自己的机会，而不是能力的不足。

2. **改变自我对话**：关注自己的内心对话，将"我做不到"改为"我还需要学习如何做到"，这种积极的自我暗示可以帮助我们建立成长型思维模式。

3. **拥抱失败**：失败是成长的一部分。不要害怕失败，要从中学习经验和教训。通过从失败中汲取教训，我们可以更好地为下一次挑战做好准备。

4. **注重努力和过程**：不要过度关注结果，而要专注于努力的过程。通过不断努力和实践，我们可以看到自己一步步的进步，这会激励我们继续前行。

成长型思维模式的实际应用

1. **教育领域**：在教育中，教师可以通过表扬学生的努力和进步，而非单纯的成绩，来培养他们的成长型思维模式。这样可以让学生更愿意面对挑战，积极参与到学习过程中。

2. **职场发展**：在职场中，成长型思维模式可以帮助员工更好地适应变化和挑战。通过不断学习新技能，员工可以增强自身的竞争力，并在职业生涯中持续进步。

3. 个人生活：在个人生活中，培养成长型思维模式可以帮助我们更积极地面对生活中的困难和挫折。无论是学习新技能，还是处理人际关系，成长型思维模式都能够增强我们的适应力和幸福感。

心理学视角下的成长型思维模式

成长型思维模式的研究表明，个体的思维方式直接影响他们的行为和成功的可能性。通过培养成长型思维模式，我们可以更好地应对生活中的各种挑战，不断提升自己，获得持续的成就感和满足感。

通过理解和应用成长型思维模式，我们可以培养积极的学习态度，提高对挑战的接受度，并在面对失败时保持乐观和进取心。这种思维方式不仅对我们的个人成长有益，还能够增强我们的心理弹性，使我们在面对压力和困难时更加坚强。

POINT 17

皮格马利翁效应：期望如何影响表现

皮格马利翁效应（Pygmalion Effect），又被称为"期望效应"或"自我实现预言"，是指人们对他人所持的期望会对他人的表现产生积极的影响。当我们对某个人有较高的期望时，这种期望会无形中传达给对方，从而促使他们朝着预期的方向发展，最终实现这些期望。

皮格马利翁效应的实验背景

皮格马利翁效应的概念由心理学家罗伯特·罗森塔尔（Robert Rosenthal）和伦诺尔·雅各布森（Lenore Jacobson）通过实验验证。在实验中，研究人员告诉老师班级中有一些学生被预测会有显著的智力发展，尽管这些学生是随机选取的。然而，经过一段时间后，这些"被看好"的学生在学业成绩上表现得确实更好。研究人员发现，教师对学生的高期望通过微妙的行为影响了学生的自信心和学习动力，最终使这些学生取得了更好的成绩。

皮格马利翁效应的实际应用

1. 教育领域：在教育中，教师对学生的期望会显著影响学生的学业表现。如果教师对某个学生持有高期望，他们通常会给予更多的关注、鼓励和支持，从而促使学生更加努力，最终取得更好的成绩。

2. **职场管理**：在职场中，领导对员工的期望也会影响员工的表现。一个被领导寄予厚望的员工往往会感受到更多的信任和支持，因此会更加努力工作，表现也会优于那些未被给予高期望的员工。

3. **家庭教育**：家长对孩子的期望在孩子的成长过程中也起着重要作用。如果家长对孩子持积极的期望，孩子会感受到更多的支持和鼓励，从而在学业和生活中更加自信和积极。

如何利用皮格马利翁效应激励他人

1. **设定积极的期望**：对他人保持积极的期望，并且通过语言和行为传递这种期望。让对方感受到信任和支持，有助于激励他们实现更高的目标。

2. **给予建设性的反馈**：提供具体的、建设性的反馈，而不是单纯的批评。通过指出对方的优点和进步，帮助他们建立自信心，并进一步改善表现。

3. **创造支持性的环境**：为他人创造一个支持性的环境，让他们能够自由地表达自己的想法，尝试新的挑战。这种氛围有助于他们感受到期望并努力达成目标。

4. **关注过程而非结果**：强调努力和进步，而不是单纯追求结果。这样可以让对方感受到即使在面对失败时也能得到认可和支持，从而保持对目标的追求。

皮格马利翁效应的局限性

尽管皮格马利翁效应在许多场合中能够产生积极影响，但它也有一定的局限性。如果期望过高或不现实，可能会给对方带来巨大压力，从而适得其反。因此,在设定期望时,需要考虑到对方的实际能力和情况,确保期望是可实现且具有激励作用的。

心理学视角下的皮格马利翁效应

皮格马利翁效应揭示了人们的期望在多大程度上能够影响他人的表现。通过对他人保持积极的期望,并通过言行传递这种期望,我们可以帮助他们更好地发挥潜力,实现他们本可能无法获得的成就。

通过理解皮格马利翁效应的原理,我们可以在生活、学习和工作中更加有意识地利用这种效应激励和支持他人。这不仅有助于他们实现更高的目标,也能够帮助我们自己在关系中建立更加积极和有建设性的互动。

POINT 18

习惯的力量：
如何塑造行为与改变生活

习惯的力量（The Power of Habit）是由查尔斯·杜希格（Charles Duhigg）在他的同名著作中提出的一个重要概念，旨在解释人类行为背后的习惯机制，以及如何通过塑造良好习惯和改变坏习惯来实现个人成长和生活改变。习惯是一种自动化行为，通过反复实践而形成，它在我们的日常生活中发挥着重要作用，塑造了我们的行为和生活方式。

习惯的三部分构成

习惯通常由三个部分构成：提示、行为和奖励。

1. 提示（Cue）：提示是触发习惯行为的信号，可以是一个外部事件、特定时间或一种情绪状态。例如，早上起床后看到牙刷，就是提示我们开始刷牙的信号。

2. 行为（Routine）：行为是提示之后的实际行动，指的是个体在提示发生后做出的反应，例如刷牙、锻炼、喝咖啡等。

3. 奖励（Reward）：奖励是行为之后的结果，是促使我们重复该行为的动力。例如，刷牙后的清新感就是一种奖励，它让我们愿意每天重复这一行为。

习惯的力量在生活中的体现

1. **健康生活方式**：健康的生活方式离不开良好的习惯。例如，早晨锻炼、均衡饮食、规律睡眠等，都是通过建立良好的习惯来维持的。这些健康习惯不仅可以提升身体素质，还可以改善心理健康。

2. **职业发展**：在职场中，习惯的力量同样显著。那些能够每天持续学习、坚持高效工作方式的人，往往会在职业生涯中取得更大的成功。通过养成专注、主动解决问题的习惯，可以大大提高工作效率和表现。

3. **个人成长**：在个人成长方面，习惯的力量也不可忽视。例如，长期坚持阅读、冥想、写作等习惯，可以帮助我们积累知识，提升自我认知，并获得内心的平静和满足感。

如何改变坏习惯与建立新习惯

1. **识别习惯回路**：要改变坏习惯，首先需要识别习惯回路中的提示、行为和奖励。通过理解这些要素，可以帮助我们找出该习惯的根源，并尝试用新的行为来取代旧的坏习惯。

2. **替代行为**：找到替代行为是改变坏习惯的关键。例如，如果习惯性地在压力下吸烟，可以尝试用散步、深呼吸等替代行为取代吸烟。

3. **设定小目标**：通过设定具体的小目标，可以让习惯的养成过程变得更加可行。例如，如果目标是每天锻炼，可以从每天 5 分钟的运动开始，逐渐增加时间和强度。

4. **保持一致性**：习惯的形成需要时间和反复的练习，因此保持一致性是关键。研究表明，平均来说，形成一个新习惯需要大约 21 天到 60 天的时间，因此，持续的重复和坚持是成功的关键。

习惯的力量在心理学中的重要性

习惯的力量在心理学中体现了人类行为的自动化特性。通过塑造和改变习惯，我们可以在不需要消耗太多意志力的情况下，实现个人目标和生活改变。理解习惯的机制，可以帮助我们更好地管理自己的行为，摆脱坏习惯，建立起对我们有益的行为模式。

通过理解习惯的力量，并运用科学的方法来培养良好的习惯和改变不良的行为，我们可以逐渐改变自己的生活方式，实现个人成长和幸福感的提升。这种习惯的改变过程不仅对个人有益，也能够对家庭、职场和社会产生积极的影响。

POINT 19

破窗理论：环境如何影响行为

破窗理论（Broken Windows Theory）由犯罪学家詹姆斯·威尔逊（James Q. Wilson）和乔治·凯林（George L. Kelling）提出，用于解释环境的破败如何促使反社会行为和犯罪的增加。该理论认为，环境中的细微失序现象（如打破的窗户等）如果不加以修复，会传递出一种"无人关心"的信号，进而导致更多的破坏行为和严重的犯罪。

破窗理论的核心概念

破窗理论的核心观点是，当环境中的一些小问题（如涂鸦、垃圾、破损的设施）得不到及时处理时，人们会认为这种失序是被允许的，从而导致更多人效仿实施破坏或违法行为。这种现象表明，外部环境对人类行为具有重要的引导作用，而维护良好的环境秩序可以有效防止犯罪和反社会行为的滋生。

破窗理论的实际应用

1. 城市管理与犯罪预防：破窗理论在城市管理和犯罪预防中得到了广泛应用。通过及时清理涂鸦、修复破损设施和保持街道整洁，可以有效减少犯罪行为的发生。例如，纽约市在20世纪90年代采用了破窗理论，通过强化地铁和街道的管理，成功降低了犯罪率。

2. 学校环境管理：在学校中，维护校园的清洁和秩序同样重要。如果校园环境中充满了杂乱和破损，学生可能会受到消极影响，从而产生不良行为。保持教室和公共区域的整洁，可以传递出对纪律和秩序的重视，进而引导学生遵守规则。

3. 社区建设：在社区建设中，破窗理论也表明，维护社区环境的整洁和安全可以增强居民的归属感和安全感，减少不良行为的发生。社区的公共设施如果能够得到及时维护，居民会更加愿意参与到社区的管理和建设中。

如何运用破窗理论改善环境

1. 及时修复破损：无论是在公共环境还是个人生活中，及时修复破损的设施（如打破的窗户、损坏的街灯）能够传递出对环境的关心，进而减少其他不良行为的发生。

2. 保持环境整洁：通过保持环境的整洁和秩序，减少垃圾和涂鸦等现象，可以营造一个积极的氛围，减少人们进行破坏行为的可能性。

3. 增强社区参与：鼓励社区成员参与环境的维护和管理，有助于增强他们对社区的归属感和责任感，从而自觉维护社区的秩序。

破窗理论的局限性

尽管破窗理论在环境管理和犯罪预防中发挥了积极作用，但它也存在一定的局限性。该理论过于强调环境因素，而忽视了犯罪行为背后的社会经济和心理原因。因此，在实际应用中，除了改善环境，还需要关注个体的心理健康、教育水平和社会支持系统，以实现对犯罪和不良行为的综合预防。

心理学视角下的破窗理论

破窗理论强调了环境对人类行为的巨大影响,表明通过改善环境秩序,可以有效降低犯罪率和不良行为的发生。这反映了人类行为在很大程度上受外部环境影响,而通过创造一个有序、整洁的环境,可以引导人们表现出更为积极的行为。

理解破窗理论的原理并将其应用于生活和社会管理中,可以帮助我们在微小的行为和环境变化中找到改善的方法。这不仅有助于减少反社会行为,还能够促进社会整体的和谐与稳定。

POINT 20
阿比林悖论：
从群体压力到无意识模仿

阿比林悖论（Abilene Paradox），是群体决策中常见的一种现象。描述了人们在群体中会选择去做自己其实并不认同的事情，以避免与他人意见不一致，进而导致整个群体采取所有成员都不想要的决策。这种现象揭示了在群体决策中，个体可能因为想要避免冲突而压抑自己的真实想法，从而导致非理性的集体行为。

阿比林悖论的典型案例

阿比林悖论的典型案例来源于一个有关家庭旅行的故事。在一个炎热的夏日，一家人为了"取悦彼此"而决定开车去阿比林（Abilene）旅行，尽管没有人真正想去，但大家都误以为其他人想去，因此选择了顺从。当他们回来后，每个人才承认，其实都不想去阿比林，只是为了迎合其他人而参与了这次旅行。这个故事生动地揭示了阿比林悖论的核心：在集体决策中，个体为了避免表达不同意见而选择随大流，导致不理想甚至不必要的决策。

阿比林悖论的实际影响

1. 组织决策失误：在企业和组织中，阿比林悖论经常导致决策失误。员工可能不愿意对领导的决策提出质疑，担心被视为"不合群"或"制造麻烦"，结果导致团队作出所有成员其实并不认同的决策。

2. 群体思维：阿比林悖论与群体思维相似，都是由于群体压力而导致的非理性行为。人们往往倾向于与群体保持一致，即使这种一致性会导致错误的决策或行动。

3. 家庭和社会生活：在家庭和社交圈中，阿比林悖论也非常普遍。为了保持家庭和睦或社交关系的稳定，即使自己内心并不认同，个体也可能会迎合他人的意见，从而导致不满意的结果。

如何克服阿比林悖论

1. 鼓励开放的沟通：在群体决策中，鼓励每个成员表达真实的想法和感受，营造一种尊重多样化意见的氛围，有助于减少阿比林悖论的发生。

2. 引入外部视角：在决策过程中，邀请不在群体中的人提供客观的建议，能够帮助群体打破一致性的压力，从而作出更加理性的决策。

3. 明确个人责任：通过明确个人在决策中的责任，减少人们因为担心承担集体责任而随波逐流的倾向。当每个人都知道自己的意见和选择会影响最终的结果时，他们更有可能表达自己的真实想法。

4. 设立"反对者"角色：在群体决策中，可以有意识地设立"反对者"的角色，鼓励某个成员从批判的角度提出不同意见，以确保群体决策的多样性和合理性。

心理学视角下的阿比林悖论

阿比林悖论揭示了人类在社会群体中的顺从行为，以及群体压力如何影响个人决策。尽管这种效应在某些情况下有助于维持群体的和谐，但它也可能导致非理性的集体决策和行为。因此，在群体决策中，理解和避免阿比林悖论可以帮助我们作出更加合理和高效的选择，同时鼓励个体表达真实的自我。

通过理解阿比林悖论的机制，我们可以在日常生活和工作中更加警惕这种效应的影响，采取措施鼓励开放的交流和多样化的观点，从而避免因为群体压力而作出不合理的决策。

POINT
21
晕轮效应：
第一印象如何影响整体评价

晕轮效应（Halo Effect），又称"光环效应"，是指人们倾向于以某个人的一个显著特质来推断其整体特质的心理倾向。简单来说，个体对某人某一方面的好感或反感，可能会导致对其其他方面的评价产生偏见。例如，如果一个人外貌吸引人，人们往往会认为他在性格、智力等其他方面也表现优秀。晕轮效应揭示了人们在社会认知过程中容易产生偏见，尤其是在初次接触和形成第一印象时。

晕轮效应的形成原因

晕轮效应的形成与人类的认知特点密切相关。人类在认知和评价他人时，往往依赖于快速的判断，而非系统和全面的分析。这种快速判断有助于我们在短时间内作出决定，但也容易导致偏见。此外，晕轮效应的产生还与我们在信息处理时的"首因效应"有关，即第一印象往往会在我们的头脑中占据主导地位，影响对他人的整体看法。

晕轮效应的实际影响

1. **招聘和面试**：在招聘过程中，晕轮效应可能导致面试官基于应聘者的外貌、衣着、态度等特质作出整体的判断，而忽视了应聘者的实际能力和潜力。例如，一个衣着整洁、谈吐自信的应聘者，可能会被认为比其实际更优秀。

2. **教育领域**：在教育中，教师对学生的第一印象也可能影响到对他们的学业评价。如果教师对某个学生有较好的印象，他可能会对该学生的课堂表现和成绩给予更高的评价，而忽视其实际的学习状况。

3. **人际关系**：在日常人际交往中，晕轮效应也常常起作用。人们可能会因为一个人的某个优点而高估他的整体品质，从而忽略其可能存在的缺点。例如，一个风趣幽默的人可能会被认为更加善良和值得信赖。

如何减少晕轮效应的影响

1. **意识到偏见的存在**：认识到晕轮效应的存在是减少其影响的第一步。通过意识到我们可能会因为某个特质而对整体评价产生偏见，可以帮助我们更加客观地看待他人。

2. **关注具体行为和证据**：在对他人进行评价时，尽量基于具体的行为和事实，而不是基于第一印象或某个单一特质。例如，在评价员工的表现时，应更多关注其工作成果和具体表现，而不是仅凭外在的表现。

3. **延迟评价**：在形成评价之前，尽可能多地收集信息，避免仅凭初次接触时产生的印象下结论。通过与他人建立更深层次的交流和了解，可以减少晕轮效应的影响，从而作出更为准确的判断。

4. **多角度评估**：通过从不同角度评估他人，可以帮助减少晕轮效应带来

21 晕轮效应：第一印象如何影响整体评价

的偏见。例如，可以征求其他人的意见，了解对某人的不同看法，以此来平衡自己的判断。

晕轮效应的其他表现

晕轮效应不仅仅体现在正面的光环效应上，还可能产生负面的"恶魔效应"（Devil Effect），即当个体对某人某一方面产生负面看法时，往往会因此高估其其他方面的负面特征。例如，如果一个人某次表现失误，可能会导致他整体被看作缺乏能力、责任心不强等。

心理学视角下的晕轮效应

晕轮效应表明，人们在认知他人时往往依赖于片面的信息，这种偏见可能会对人际交往、工作和教育等领域产生深远的影响。尽管晕轮效应有助于我们快速形成对他人的印象，但也容易导致错误的判断。因此，理解并意识到晕轮效应的存在，可以帮助我们更加理性地看待他人，从而减少不必要的误解和偏见。

通过在生活和工作中采取更加客观和全面的评估方式，我们可以减少晕轮效应对人际关系的负面影响。这种理性的评估方式不仅有助于建立更为真实和深刻的人际关系，还能够帮助我们在各类决策中作出更加准确和公正的判断。

POINT 22

超限效应：
信息过载的心理后果

超限效应（Overexposure Effect），又称为信息过载效应，是指当个体接收到过多的信息或刺激时，会产生负面情绪和心理反应，甚至导致反感或抵触的心理现象。这种效应表明，适度的刺激和信息能够引起兴趣和积极反应，但过量的刺激反而会使人感到不堪重负，从而对信息内容失去兴趣或产生抵触情绪。

超限效应的形成原因

超限效应的形成与人类的大脑信息处理能力有限有关。当个体面临大量的信息输入时，大脑需要耗费更多的精力来处理，这会导致心理疲劳和注意力的分散。此外，重复的刺激也可能让人感到厌烦，尤其是在没有新意的情况下，这种厌烦感会进一步加剧负面情绪的产生。

超限效应的实际表现

1. 广告宣传：在广告宣传中，如果某个品牌的广告过于频繁地出现在消费者面前，可能会让人产生反感，从而对该品牌产生负面印象。适度的广告可以提高品牌知名度，但过度曝光则可能适得其反。

2. **社交媒体**：在社交媒体上，信息的过度传播也容易导致超限效应。用户面对源源不断的信息流，往往会感到信息过载，进而对社交媒体的内容失去兴趣，甚至产生焦虑和疲劳感。

3. **教育和培训**：在教育和培训中，教师如果一次性向学生灌输过多的知识点，可能会导致学生感到困惑和不知所措，学习效果反而会下降。适当的知识输入和休息时间，有助于提高学生的理解和记忆效果。

如何避免超限效应的影响

1. **适度的信息控制**：在信息的传播和接收中，保持适度的节奏，避免信息过度集中和重复。无论是广告宣传还是教育培训，都应关注信息量和呈现方式，以避免超限效应的产生。

2. **设置信息筛选机制**：在面对海量信息时，个体可以设置信息筛选机制，选择对自己有用和感兴趣的信息，避免被无关信息所淹没。例如，可以合理利用社交媒体的过滤功能，减少不必要的信息干扰。

3. **保持信息的新颖性**：信息的新颖性有助于引起个体的兴趣，避免因重复而产生厌烦情绪。在广告和教育中，通过创新的内容和呈现方式，可以有效减少超限效应的影响。

4. **适当的休息和放松**：当个体感到信息过载时，及时进行休息和放松，可以帮助大脑恢复，减轻心理负担，从而更好地应对后续的信息输入。

心理学视角下的超限效应

超限效应揭示了信息处理中的量与质之间的平衡关系。人类大脑在处理信息时，既需要足够的刺激来保持兴趣，也需要避免过多的刺激导致的心理负荷过重。因此，理解超限效应对于信息传播、教育以及个人信息管理具有重要意义。

通过在生活和工作中合理控制信息的输入量，避免信息过载，我们可以更有效地保持心理健康和专注力。这不仅有助于提升个人的生活质量，还能在学习和工作中取得更好的效果。

POINT
23
刺猬效应：
保持距离以避免伤害

刺猬效应（Hedgehog Effect）是由哲学家叔本华（Arthur Schopenhauer）提出并被心理学家弗洛伊德（Sigmund Freud）应用于人际关系的一个比喻，用以描述在寒冷的冬天里，刺猬们为了取暖需要互相靠近，但又因为彼此的刺会伤害到对方，所以必须保持一定的距离。这一现象揭示了人们在亲密关系中所面临的矛盾——渴望亲近，但又害怕过度的接近会导致伤害。

刺猬效应在人际关系中的体现

刺猬效应反映了人际交往中的一种动态平衡：人们渴望亲密和支持，但同时又担心太过接近会暴露自己的脆弱，导致心理上的伤害。这种现象在亲密关系、友谊和职场关系中都有明显体现。例如，情侣之间在关系初期往往非常亲密，但随着时间的推移，可能会因为彼此的缺点或矛盾而逐渐保持一定的心理距离。

刺猬效应的实际影响

1. 亲密关系：在亲密关系中，刺猬效应表现为个体在亲近和独立之间寻找平衡。人们希望与伴侣建立亲密的联系，但又不想过于依赖对方，以避免在关系出现问题时受到过大的伤害。这种矛盾可能导致双方在关系中时而亲近、时而疏远，形成一种反复的互动模式。

2. **友谊**：在友谊中，刺猬效应同样存在。朋友之间需要相互支持和理解，但也需要保持一定的独立性，以避免因为过于亲密而产生矛盾或冲突。

3. **职场关系**：在职场中，刺猬效应体现在员工与同事或上司之间的关系中。员工希望与同事建立良好的合作关系，但同时也会担心过于亲近可能会暴露自己的不足，或者因工作中的竞争而受到伤害。

如何应对刺猬效应

1. **保持适度的距离**：在关系中保持适度的距离，有助于减少彼此之间的伤害风险。适度的距离并不意味着冷漠，而是意味着在亲密的同时，也尊重对方的个人空间和独立性。

2. **建立良好的沟通**：通过开放和坦诚的沟通，可以减少误解和猜测带来的伤害。有效的沟通有助于双方理解彼此的需求和边界，从而更好地找到亲近与独立之间的平衡。

3. **培养情绪管理能力**：学习如何管理自己的情绪，减少对他人的依赖，有助于应对刺猬效应带来的心理困扰。通过提升自我情绪调节能力，可以在关系中保持心理的稳定，从而减少因过度依赖或疏远带来的负面影响。

心理学视角下的刺猬效应

刺猬效应揭示了人际关系中的一个重要悖论：人们在渴望亲密和害怕伤害之间不断寻找平衡。这一现象表明，建立健康的人际关系需要个体在亲密和独立之间找到适合自己的位置。通过理解刺猬效应，我们可以更加理性地

23 刺猬效应：保持距离以避免伤害

看待亲密关系中的距离和边界，避免因为过度亲近或疏远造成的伤害。

在生活和人际交往中，通过尊重对方的独立性，保持适度的心理距离，我们可以更好地维持和谐的关系，既能够满足亲密的需求，又避免因过度接近而引发的心理冲突。这种对距离的把握，不仅有助于增强个人的心理弹性，还能够促进人际关系的健康发展。

POINT 24
酸葡萄效应：
自我保护的心理策略

酸葡萄效应（Sour Grapes Effect）源于古希腊寓言家伊索的故事《狐狸与葡萄》。在故事中，狐狸无法够到高处的葡萄，于是自我安慰说这些葡萄是酸的，不值得一尝。酸葡萄效应是指当个体无法实现某个目标或获得某个事物时，通过贬低该目标或事物的价值来减轻内心的失落感和挫败感。这是一种典型的自我保护机制，帮助个体维持心理平衡，减少因失败带来的负面情绪。

酸葡萄效应的形成原因

酸葡萄效应的形成与认知失调理论密切相关。当个体的现实情况与其期望产生矛盾时，会引发认知失调，导致心理不适。为了缓解这种不适，个体可能会通过改变对目标的认知，即贬低目标的价值，来减少内心的冲突和不安，从而恢复心理的平衡。

酸葡萄效应的实际表现

1. 职业选择：当一个人在职场中未能获得理想的职位时，可能会通过贬低该职位来减少内心的失望感。例如，一个求职者未能得到某个竞争激烈的岗位，可能会对自己说"这个岗位压力太大，不适合我"。

2. 人际关系：在感情或社交关系中，当一个人未能得到他所喜欢的人或未能融入某个社交圈时，也可能会通过贬低对方或社交圈的价值来减轻失落感。例如，一个人在被拒绝后，可能会对自己说"对方其实并不那么好"。

3. 消费选择：当一个人无法负担某个昂贵的商品时，可能会说"这个商品并不值得这个价钱"，以此来降低内心的渴望和失落感，减少因无法获得该商品而产生的负面情绪。

如何应对酸葡萄效应

1. 正视失败和失落：面对无法实现的目标或失去的机会，重要的是正视自己的失落感，而不是通过贬低目标来逃避。接受失败是成长的一部分，可以帮助我们更好地理解自己，找到改进的方向。

2. 重新设定目标：在面对挫折时，可以尝试设定新的、更加现实的目标，从而避免过度关注那些难以实现的目标。通过设立可行的小目标并逐步实现，可以有效增强自信心，减少对失败的负面感受。

3. 增强自我接纳：学会接纳自己的不足，减少对成功的苛求，可以降低酸葡萄效应的发生频率。通过增强自我接纳，我们可以更平和地看待那些难以实现的目标，不再需要通过贬低目标来保护自尊。

4. 寻求外界支持：当我们感到失落时，寻求朋友、家人或专业人士的支持，能够帮助我们更好地调整心态，减少对无法实现的目标的执着和贬低。

心理学视角下的酸葡萄效应

酸葡萄效应是一种常见的心理防御机制，帮助个体在面对失败和挫折时维持心理的稳定。尽管这种机制在短期内有助于缓解内心的不适，但长期来看，过度使用酸葡萄效应可能会限制个体的成长，因为它使人倾向于逃避挑战而不是努力克服困难。因此，理解酸葡萄效应的机制并学会以更加积极的方式应对挫折，对于个人的成长和心理健康具有重要意义。

通过在生活中正视自己的失败和不足，接受无法实现的现实，我们可以减少酸葡萄效应对心理的负面影响。这种接受与调整不仅有助于增强个人的心理弹性，还能够促进个体更加积极地面对未来的挑战，实现真正的自我成长。

登门槛效应：
逐步提高请求的策略

登门槛效应（Door-in-the-Face Effect）是一种心理现象，指的是当一个人先提出一个非常大的请求而被拒绝后，再提出一个较小的请求时，对方则更容易接受这一较小请求。通过这种策略，人们可以更有效地说服对方接受某种程度的要求。这一效应的核心在于"对比效应"，较大的请求让较小的请求显得更容易接受，因而提高了对方同意的可能性。

登门槛效应的形成原因

登门槛效应的形成与人们的心理对比机制以及内疚感有关。当面对一个大的请求时，个体往往会感到有压力并因此拒绝，而随后较小的请求相较之下显得容易和合理许多。此外，拒绝第一个请求后，个体可能会感到内疚，为了补偿这种内疚感，他们更倾向于接受第二个较小的请求。

登门槛效应的实际应用

1. **谈判策略**：在谈判中，谈判者可能会先提出一个相对极端的条件，预计对方会拒绝，然后再提出一个较为合理的条件，使对方更愿意接受。通过这种方式，可以更有效地达成妥协。

2. 公益募捐：在募捐活动中，募捐者可能会先请求较大金额的捐助，当被拒绝后，再请求一个较小金额的捐助，这样被请求者更有可能同意较小的请求，因为他们会认为这是一种合理的折中。

3. 市场营销：在市场营销中，销售人员可能先推荐一个较贵的产品，当顾客表示不感兴趣或拒绝时，再推荐一个相对便宜的产品，这样顾客更容易接受，因为他们会认为这是一个更加合理的选择。

如何应对和利用登门槛效应

1. 意识到心理策略的影响：为了避免被登门槛效应所影响，个体需要意识到这种心理策略的存在，理性评估每个请求的合理性，而不是因为内疚或对比效应而盲目接受。

2. 保持冷静判断：在面对逐步减少的请求时，保持冷静和客观的判断，评估请求的实际可行性和对自己的影响，避免因为对比而感到某个请求过于简单从而轻易接受。

3. 策略性请求：为了让对方接受某个请求，可以先提出一个更大的请求，当对方拒绝后，再提出实际想要的请求，通过对比效应，增加对方接受的可能性。这种策略可以应用于谈判、请求帮助以及说服他人等。

心理学视角下的登门槛效应

登门槛效应是一种有效的影响和说服策略，通过利用人们对比的心理和内疚感，增加对较小请求的接受度。这种效应在许多情境下非常有效，理解其运作机制也可以帮助我们更加理性地对待各种请求，避免被不合理的请求所左右。

25 登门槛效应：逐步提高请求的策略

通过在生活和工作中有效利用登门槛效应，我们可以在请求他人时提高成功的可能性。同时，理解这种心理效应也能够帮助我们在面对类似策略时保持清醒，理性地作出决定，从而维护自身的利益和独立性。

POINT 26

刻板效应：
固定观念如何影响人际互动

刻板效应（Stereotype Effect）是指人们对某一群体的成员形成固定和简化的观念，并基于这种观念对个体进行判断和评价。刻板效应通常是对某一群体的某些特质进行过度概括，而这种概括在很多情况下并不准确，容易导致偏见和误解。刻板印象可能基于性别、种族、职业、年龄等方面，它在潜移默化中影响着人们的态度和行为。

刻板效应的形成原因

刻板效应的形成通常是由于社会化过程中的信息简化与认知偏见。人类在面临大量复杂信息时，倾向于通过信息归类来简化认知，这种分类过程有助于快速理解世界，但也容易导致对群体的过度概括。此外，社会文化、媒体报道和个人经验都会影响人们对某些群体形成特定的刻板印象。

刻板效应的实际影响

1. 职场中的刻板效应：在职场中，刻板效应可能影响到招聘和晋升决策。例如，某些行业对性别的刻板印象可能导致女性或男性在特定岗位上受到不公平对待，如认为女性不适合领导职位，或男性不适合护理行业等。

2. 教育中的刻板效应：在教育中，教师可能因刻板印象而对学生形成偏见，影响对学生的评价和期望。例如，认为某些种族的学生在特定科目上不如其他种族的学生，从而影响他们的学业表现。

3. 人际交往中的刻板效应：在日常人际交往中，刻板印象可能会导致偏见和误解，妨碍真实的沟通与合作。例如，对某些职业（如律师、警察）的刻板印象可能使人们对这些群体的个体抱有先入为主的看法，从而影响交往的态度和方式。

如何减少刻板效应的影响

1. 增加对群体的了解：通过接触和了解不同群体的人，可以帮助消除刻板印象。真实的接触可以让我们看到个体的独特性，从而打破对某一群体的固定观念。

2. 反思自己的偏见：认识到自己可能存在刻板印象是减少其影响的重要一步。通过反思和意识到自己对他人的偏见，可以更有意识地避免被刻板印象所左右。

3. 多角度看待问题：避免将群体的某些特征泛化到所有个体上，尝试从多角度看待问题，理解个体之间的差异性，有助于减少刻板效应的产生。

4. 媒体和教育的作用：媒体和教育在塑造社会观念方面具有重要作用。通过传播正面和多样化的群体形象，可以帮助减少社会中的刻板印象，促进社会环境更加公正。

心理学视角下的刻板效应

刻板效应是一种认知简化的策略，尽管它可以帮助我们更快地理解和处理信息，但同时也可能导致误解和偏见。这种效应会在潜意识中影响我们的判断和行为，妨碍与他人的真实交流。因此，理解刻板效应的机制并有意识地去克服它，可以帮助我们形成更加开放和包容的社会氛围，减少不必要的偏见和歧视。

通过努力认识并减少刻板印象，我们可以更加客观地看待他人，从而改善人际关系，促进社会的公平与包容。这不仅有助于个体的心理成长，也能够为社会和谐作出贡献。

POINT 27

损失厌恶：
对失去的恐惧比获得的满足更强烈

损失厌恶（Loss Aversion）是行为经济学中一个重要的心理学概念，指人们在面对损失时所体验到的痛苦远大于获得等量收益时的满足感。这种心理现象表明，人们对损失的敏感度高于对收益的敏感度，因此在作决策时往往会倾向于避免损失，而不是追求可能的收益。损失厌恶理论由丹尼尔·卡尼曼（Daniel Kahneman）和阿莫斯·特沃斯基（Amos Tversky）提出，是前景理论的核心部分。

损失厌恶的表现形式

1. **投资决策中的保守倾向**：在投资决策中，投资者往往因为害怕损失而不愿承担风险，即便可能有较大的潜在收益。例如，许多投资者宁愿将资金留在安全但低收益的银行账户中，也不愿冒险投入到高风险的股票市场，尽管后者可能带来更大的回报。

2. **购买决策中的优先考虑**：在购物时，人们可能因为害怕错失折扣而购买不需要的商品，这种"避免失去机会"的心理驱动消费者作出许多非理性的消费决策。例如，"最后一天促销"的广告语利用了损失厌恶心理，促使人们匆忙购买。

3. **职场中的行为保守**：在职场中，员工可能因为害怕失去现有职位或收入而不愿尝试新的工作机会，即便这些机会可能带来更好的职业发展。这种对失去的恐惧会限制人们的职业选择和冒险精神。

损失厌恶的影响

损失厌恶会对个人的决策过程产生深远的影响，使人们在面对选择时倾向于保守和规避风险。这种心理倾向虽然在一定程度上可以保护个体避免重大损失，但也可能阻碍个人尝试新的机会，限制成长和进步。此外，损失厌恶还被广泛应用于营销和商业策略中，商家通过突出可能的损失而非收益，来影响消费者的购买决策。

如何应对损失厌恶

1. **理性看待风险与收益**：面对决策时，尝试理性分析潜在的损失与收益，避免因过度担忧损失而忽略可能的机会。通过量化损失和收益，可以更清晰地理解决策的潜在影响，帮助克服损失厌恶的心理。

2. **设定明确的目标**：通过设定明确的财务或职业目标，可以帮助个体在面对决策时更加坚定，减少因害怕损失而导致的犹豫不决。目标的存在有助于增强对风险的承受能力。

3. **关注长期利益**：损失厌恶往往使人们对短期的损失过度担忧，而忽视了长期的收益。在作决策时，可以尝试从长期的角度来评估选择的影响，以减少对短期损失的过度关注。

心理学视角下的损失厌恶

损失厌恶是一种深植于人类心理的本能反应，帮助个体在面对不确定性时保护自己免受损失。然而，这种本能也可能导致人们在许多情况下作出过于保守的选择，错失成长和发展的机会。理解损失厌恶的机制，可以帮助我们在面对决策时更加理性，平衡风险与收益，从而在复杂的环境中作出更加明智的选择。

通过在生活中意识到损失厌恶的存在，并尝试采取理性的方法看待风险与收益，我们可以减少因害怕损失而错失机会的可能性。这种对风险的合理评估不仅有助于个人的成长和成功，还能够帮助我们更好地适应充满不确定性的世界。

POINT 28
旁观者效应：
当群体中的责任感被稀释

旁观者效应（Bystander Effect）是指在紧急情况下，当有多个旁观者在场时，个体反而不太可能去帮助需要帮助的人。这一现象反映了当周围有其他人在场时，个体会认为责任被分散，从而降低了帮助他人的动机。旁观者效应揭示了群体中的责任分散和社会对个体行为的显著影响，使得原本有能力施以援手的人们选择袖手旁观。

旁观者效应的形成原因

旁观者效应的形成与"责任分散"和"社会影响"密切相关。当有多人在场时，个体会将责任分散，认为别人会去采取行动，从而减少了自己参与的动力。此外，个体还可能受到社会影响的作用，观察到他人没有行动，便认为自己也无须行动。尤其在不确定的情境中，人们更倾向于依赖他人的反应来决定自己的行为。

旁观者效应的实际表现

1. 紧急事件中的袖手旁观：在公共场合，当有人突然倒地或需要紧急帮助时，如果在场有很多旁观者，个体往往会认为别人会作出反应，进而减少了自己采取行动的可能性。

2. **网络空间中的冷漠**：在社交媒体平台上，旁观者效应也很常见。例如，当有人在公共平台上寻求帮助时，如果有很多人看到了这个请求，却没有人时愿意主动提供帮助或回复，这也是旁观者效应的表现。

3. **社会不公的忽视**：当面对社会中的不公正现象（例如霸凌、歧视等），旁观者效应也会导致很多人选择沉默，因为他们认为其他人会站出来或觉得自己没有责任去干预。

如何减少旁观者效应的影响

1. **增强个人责任意识**：为了减少旁观者效应的影响，增强个人的责任感是关键。通过意识到在紧急情况下自己的行动可能是唯一的帮助来源，个体可以更积极地采取行动。

2. **明确责任分配**：在群体中遇到紧急情况时，明确分配责任可以有效减少旁观者效应。例如，直接指认某人来提供帮助，可以减少责任分散的现象，增加帮助行为的发生概率。

3. **学习急救技能和应对方法**：通过学习急救技能和应对突发事件的方法，可以增强个体的自信心，在遇到紧急情况时更有动力去提供帮助，而不是依赖他人采取行动。

4. **反思群体压力**：理解社会影响对个体行为的作用，增强对群体压力的反思，可以帮助个体在紧急情况下克服从众心理，更加主动地去提供帮助。

心理学视角下的旁观者效应

旁观者效应反映了人类在群体环境中责任感被稀释的现象，以及社会影响对个体行为的制约作用。虽然这种效应有时会使人们在面对紧急情况时错失施以援手的机会，但通过增强责任意识和理解群体心理，我们可以克服旁观者效应，积极采取行动帮助他人。这不仅有助于建立更为友爱和互助的社会环境，也能为自己和他人带来更大的心理满足和社会正义感。

通过认识到旁观者效应的存在，我们可以在紧急情况下更加主动地承担责任，减少对他人的依赖，从而在需要帮助的时刻站出来。这种行动不仅能改变他人的命运，还能在群体中传播关怀和责任的正能量。

POINT 29

安慰剂效应：
信念如何影响健康和治愈

安慰剂效应（Placebo Effect）是一种心理现象，指个体在接受一种没有实际治疗成分的物质或疗法后，由于相信它具有治疗效果，从而在生理或心理上出现改善的情况。安慰剂效应表明，信念和心理期待对身体健康和治愈过程具有显著的影响，这一现象被广泛应用于医学和心理学领域的研究和治疗中。

安慰剂效应的形成原因

安慰剂效应的形成与个体的信念、期待以及心理暗示密切相关。当个体相信所接受的治疗具有疗效时，这种信念会激活大脑中的某些神经通路，进而产生积极的生理反应。例如，服用一片并不含药物成分的"药丸"时，个体因为相信它会起作用，从而产生疼痛缓解或其他症状改善的效果。这种现象表明，心理因素可以直接影响生理状态。

安慰剂效应的实际表现

1. 医学治疗中：在临床试验中，安慰剂组患者在接受没有实际药效的物质后，往往也会报告症状的缓解或改善，这种现象就是安慰剂效应。例如，在疼痛治疗中，患者可能因为相信所服用的"药物"有效，而感觉到疼痛的缓解。

2. 心理咨询中：在心理咨询中，咨询师给予的积极反馈和支持也能产生类似安慰剂效应的作用。当个体相信咨询师的建议和鼓励会对自己的心理状态产生积极影响时，他们的情绪和心理状态往往会有所改善。

3. 运动表现中：一些运动员在服用无效的"增强剂"后，由于相信它能提升自己的表现，往往会在心理和生理上表现得更好，这也是安慰剂效应在运动中的一种体现。

如何利用安慰剂效应

1. 建立积极的信念和期待：安慰剂效应表明，信念和期待对健康有积极作用。通过建立对治疗的信任和对康复的积极态度，可以增强治疗的效果，帮助身体更快恢复。

2. 创造积极的环境：治疗环境和医护人员的态度会影响安慰剂效应的强度。通过创造温暖、信任和积极的治疗环境，可以最大限度地发挥安慰剂效应，促进病人的康复。

3. 结合实际情况治疗：尽管安慰剂效应可以改善一些症状，但它并不能替代实际的治疗手段。在医学治疗中，可以利用安慰剂效应来增强患者对治疗的信心，但仍需要与有效的治疗方法结合使用。

心理学视角下的安慰剂效应

安慰剂效应展示了信念和心理状态对生理健康的影响。人们对治疗的期待和信任可以激活自愈的能力，这种现象不仅在医学中有重要应用，也提醒我们心理对身体健康的重要性。因此，理解安慰剂效应可以帮助我们更好地

29 安慰剂效应：信念如何影响健康和治愈

利用心理力量，促进身心健康。在日常生活中，保持积极的信念和期待，不仅有助于增强免疫力，还可以改善整体的生活质量。

通过在治疗过程中结合安慰剂效应的原理，医护人员和患者可以更有效地利用心理因素来改善治疗效果。这种对信念和期待的合理运用，不仅能帮助个体战胜疾病，还能够在整体上促进身心健康，为生活带来更多的幸福感和满足感。

POINT 30

首因效应：
第一印象对人际关系的持久影响

首因效应（Primacy Effect）是一种心理现象，指在人际交往中，个体对他人的第一印象往往对后续的判断和评价产生持久影响。这一效应表明，在形成对他人的整体印象时，最初接触到的信息比后来获得的信息具有更大的权重，因此，初次见面的印象往往难以改变。首因效应在许多情境中都有重要作用，包括面试、社交互动以及教育等方面。

首因效应的形成原因

首因效应的形成与人类的认知特点有关。由于大脑在处理大量信息时倾向于优先记住最早接触到的信息，这些初次信息会在个体的记忆和认知中留下深刻印象，形成稳定的判断。此外，首因效应还受到确认偏误的影响，即个体倾向于寻找支持自己初次判断的信息，忽略或淡化与之相矛盾的信息，从而使最初的印象得到强化。

首因效应的实际表现

1. 面试中：在招聘面试中，面试官对求职者的第一印象往往会对后续的评价产生重要影响。如果求职者在初次见面中表现得自信、有礼，面试官可能会对其后续的回答给予更多的正面评价，即使这些回答并不完美。

2. 课堂中：在课堂上，教师对学生的第一印象也会影响其后续的期望和行为。如果某个学生在最初表现出色，教师可能会对其保持更高的期望，并给予更多的关注和支持。

3. 社交互动中：在人际交往中，首因效应使得初次见面的印象对关系的建立起着关键作用。例如，在朋友初次见面时，积极的第一印象会为后续的关系发展奠定良好基础，而负面的第一印象则可能成为关系发展的障碍。

如何应对首因效应

1. 提高对首因效应的认识：意识到首因效应的存在是减少其负面影响的重要一步。通过认识到自己在判断他人时可能过于依赖第一印象，可以帮助个体更加客观地对待他人。

2. 给予更多的机会：在对他人进行评价时，尽量给予对方更多的机会，以观察他们在不同情境下的表现。这种做法可以减少由于首因效应而导致的判断偏差。

3. 避免确认偏误：尽量避免只寻找支持自己初次判断的信息，而是主动去了解更多与第一印象不一致的方面，以便对他人形成更加全面和公正的评价。

心理学视角下的首因效应

首因效应强调了第一印象在形成对他人整体评价中的重要性。虽然这一效应有助于人们在短时间内快速形成判断，但也容易导致偏见和误解，使人们无法全面、公正地看待他人。因此，理解和应对首因效应，可以帮助我们在日常生活中建立更加真实和有效的人际关系。

通过在社交和工作中努力克服首因效应带来的偏见，我们可以更加客观地评估他人，从而建立更加深厚和真实的人际联系。这种对他人的全面认识和理解，有助于提升社交互动的质量，并为人际关系的发展创造更加积极的环境。

POINT 31

近因效应：最新信息如何影响判断

近因效应（Recency Effect）是指在一系列信息中，最近获得的信息会对个体的判断和决策产生更强烈的影响，这与首因效应相对立。近因效应表明，个体对最后接触到的信息有更深的记忆和更高的重视程度，特别是在需要作出决策或形成印象的情境中。近因效应在职场、教育以及人际互动中都具有重要的影响。

近因效应的形成原因

近因效应的形成与人类的记忆特点有关。当个体面对大量信息时，最近获得的信息往往更容易保持在短期记忆中，从而对判断和决策产生更大的影响。此外，在需要作出快速反应的情况下，人们更倾向于依赖最近获得的信息，因为这些信息在记忆中最为鲜活和清晰。

近因效应的实际表现

1. 绩效评估中：在职场中，管理者对员工的绩效评估往往容易受到近因效应的影响。例如，员工在评估前的表现较为出色，管理者可能会对其整体绩效作出较为积极的评价，而忽略了之前表现不佳的部分。

2. 考试复习中：在考试复习中，学生往往对最近复习的内容记忆更为深刻，因此在考试中更容易回忆起这些信息。这种现象也是近因效应的表现，说明最近学习的信息对记忆和表现具有更大的影响。

3. 人际交往中：在人际交往中，个体对他人的印象也可能受到最近接触信息的影响。例如，朋友在最后一次见面时的行为会显著影响我们对其整体的印象，即便之前的互动可能并不完美。

如何应对近因效应

1. 综合考虑所有信息：为了减少近因效应的偏差，重要的是在作出决策时尽量综合考虑所有相关的信息，而不是只关注最近获得的部分。例如，在对员工进行绩效评估时，管理者应查看整个评估周期内的表现记录。

2. 记录关键信息：通过记录和回顾信息，可以有效减少近因效应的影响。无论是在职场还是学习中，及时记录重要信息，并在决策时参考这些记录，可以帮助我们更加客观地评估情况。

3. 意识到记忆偏差：认识到近因效应是一种常见的记忆偏差，有助于个体在判断和决策时更加谨慎，避免因过度依赖最近的信息而作出片面的判断。

心理学视角下的近因效应

近因效应强调了最新信息在记忆和决策过程中的重要性。这一效应帮助人们在面对大量信息时，优先处理那些最近接触到的内容，但同时也容易导致对其他信息的忽视。因此，理解和应对近因效应，可以帮助我们在作出决策时更加全面地考虑问题，避免因过度关注近期信息而产生偏差。

31 近因效应：最新信息如何影响判断

通过在生活和工作中克服近因效应带来的偏差，我们可以更加公正和全面地评估情况，从而提高决策的质量。这种对信息的客观处理，不仅有助于建立更准确的判断，也能为我们的学习和工作表现带来积极的影响。

POINT 32

归因偏差：
对行为原因的错误理解

归因偏差（Attribution Bias）是一种常见的认知偏差，指人们在解释他人或自己的行为时，容易产生不准确或片面的归因判断。这种偏差主要表现在人们倾向于将他人的行为归因于内在特质，而将自己的行为归因于外部环境的影响。归因偏差包括多种类型，如基本归因错误和自利性偏差等，它在社交、职场和个人生活中都有显著影响。

归因偏差的类型

1. 基本归因错误：基本归因错误是指人们在解释他人行为时，倾向于过分强调内在因素（如性格、态度等），而忽略外在情境的影响。例如，当一个同事迟到时，人们可能会认为他缺乏时间观念，而不是考虑到交通堵塞等外部因素的影响。

2. 自利性偏差：自利性偏差是指人们在解释自己的行为时，倾向于将成功归因于自身的内在特质（如能力、努力、程度等），而将失败归因于外部因素（如运气、环境等）。例如，当一个学生考试成绩优秀时，他可能会归因于自己的聪明和努力，而当成绩不理想时，则会归因于试题过难或环境干扰。

3. 防御性归因：防御性归因是指人们为了保护自尊，倾向于将可能对自己造成威胁的事件归因于外部因素，以此减少心理压力。例如，当一个人遭遇意外时，他可能会将其归因于他人的过失，而不是自身的失误。

归因偏差的影响

归因偏差在日常生活中会对人际关系和自我认知产生重要影响。由于人们往往倾向于以偏概全地解释他人的行为，这可能导致误解和不公平的判断，从而影响人际互动和沟通质量。例如，在职场中，管理者可能因员工一次失误而认为其缺乏能力，忽视了环境因素的影响。此外，自利性偏差使人们难以客观地认识自己的优缺点，可能导致过度自信或对他人的批评过于严苛。

如何减少归因偏差的影响

1. **考虑外部情境因素**：在解释他人行为时，尽量考虑到可能的外部情境因素，避免只关注内在特质。例如，当看到同事工作出现问题时，可以考虑他可能面临的外部压力或环境限制。

2. **反思自我归因模式**：通过反思自己的归因模式，可以更好地认识到自利性偏差的存在。在面对成功或失败时，尝试更加客观地分析各种可能的原因，避免过度归因于外部因素或内在特质。

3. **培养同理心**：加强对他人情境的理解，有助于减少基本归因错误。通过换位思考，可以更好地理解他人的行为动机，减少因误解而导致的偏见和冲突。

心理学视角下的归因偏差

归因偏差是人类在信息处理过程中常见的认知错误，它使人们在解释行为原因时往往偏离客观事实。理解归因偏差的机制，有助于提高我们对自己和他人行为的理解，减少误解和偏见。在社会生活中，通过增强对情境因素的关注和培养对他人的同理心，我们可以更客观地看待行为的原因，从而改善人际关系，提高沟通的质量。

通过在日常生活中努力克服归因偏差，我们可以更加公正地评估自己和他人，从而建立更加健康和有效的人际互动。这种对行为原因的全面理解，有助于减少不必要的冲突和误解，为个人成长和社会和谐奠定良好基础。

POINT 33
禀赋效应：
我们对已有物品的过度珍视

禀赋效应（Endowment Effect）是一种心理学现象，指人们对自己拥有的物品赋予了更高的价值，即使这些物品在客观上并没有比其他相同的物品更好。这种效应使得人们在决策时，往往不愿意放弃已有的物品，即使接受更好的替代选择对他们更有利。禀赋效应揭示了我们在拥有某物之后，对其价值的主观高估，它在消费、交易和个人生活中都有广泛的影响。

禀赋效应的形成原因

禀赋效应的形成与人类的损失厌恶心理密切相关。损失厌恶是指人们在面临失去某物时所感受到的痛苦，远大于获得相同物品时的满足感。因此，当个体拥有某件物品时，失去它所带来的负面情绪使得他们更加珍视该物品。此外，禀赋效应也与归属感和情感联系有关，人们对自己拥有的物品会产生情感依附，使得这些物品在心理上具有独特的价值。

禀赋效应的实际表现

1. **消费决策中的表现**：在消费决策中，禀赋效应使得人们对已经购买的物品更加珍惜，即使这些物品的实际使用价值并不高。例如，某人可能会拒绝出售自己的旧车，即使卖掉它能够换取足够的资金购买一辆更好的车。

2. **市场交易中的影响**：在市场交易中，禀赋效应也会影响买卖双方的谈判。卖方往往会对自己的商品定价过高，因为他们认为自己拥有的物品比其他相同的物品更有价值，从而导致交易的难度增加。

3. **礼物和赠品的感情价值**：禀赋效应也体现在人们对礼物和赠品的情感价值上。人们往往会因为物品的归属而对其产生更多的感情，这使得他们在面临丢失或替换这些物品时，感到不安和不情愿。

如何减少禀赋效应的影响

1. **客观评估物品的价值**：为了减少禀赋效应的影响，可以尝试对自己拥有的物品进行客观评估，避免因主观情感而对其过度高估。在作决策时，可以从第三方的角度来看待物品的实际价值，从而作出更加理性的选择。

2. **关注替代选择的优势**：在面对需要放弃已有物品的选择时，尽量关注替代选择的优势，如新物品带来的功能改进或便利性等。这有助于平衡因失去已有物品而产生的负面情绪，从而更加理性地权衡得失。

3. **练习"断舍离"**：通过有意识地练习"断舍离"，减少对物品的情感依赖，可以帮助个体更好地应对禀赋效应的影响。例如，定期整理和捐赠不再需要的物品，可以帮助人们减少对物品的情感依附，增强对失去的接受度。

心理学视角下的禀赋效应

禀赋效应揭示了人类在面对拥有与失去时的心理偏差，这种偏差使得我们对已有物品的价值进行主观高估。虽然这种心理机制在一定程度上帮助我们保护自己的财产，但也可能导致我们作出不理性的决策，例如拒绝更优的替代选择。理解禀赋效应可以帮助我们在生活中更加理性地作出决策，通过客观评估和减少情感依赖来实现更加平衡和有效的选择。

通过在日常生活中意识到禀赋效应的存在，我们可以更加理性地看待自己拥有的物品，减少因情感依赖而产生的不必要的执着。这种对拥有与失去的健康态度，不仅有助于提升我们的决策质量，也能为我们的生活带来更多的轻松和自由。

POINT 34
社会比较理论：
我们如何通过比较理解自己

社会比较理论（Social Comparison Theory）由心理学家莱昂·费斯廷格（Leon Festinger）提出，它描述了人们通过与他人进行比较来评估自己能力、成就和情感状态的过程。这种比较可以帮助个体更好地理解自己的位置和社会角色，但也可能导致不健康的心理状态，特别是在个体通过与更成功的人比较时。社会比较理论在日常生活中无处不在，深刻影响着人们的自我认知和幸福感。

社会比较的类型

1. 向上比较：向上比较是指个体将自己与比自己更优秀或更成功的人进行比较。这种比较可以激励个体设定更高的目标并努力追求进步，但也可能导致自卑感和不满情绪，特别是当差距过大时。

2. 向下比较：向下比较是指个体将自己与那些不如自己的人进行比较。这种比较可以增强自尊和自信，帮助个体感受到相对的优势，但也可能导致自满和停滞不前，因为个体可能因此缺乏追求更高成就的动力。

3. 平行比较：平行比较是指个体将自己与相似背景或水平的人进行比

较，这种比较有助于获得对自己更为准确的评估，并帮助个体在群体中找到归属感。

社会比较理论的实际表现

1. 社交媒体中：社交媒体为社会比较提供了丰富的素材，人们可以随时看到他人的生活动态。向上比较在社交媒体中尤为常见，许多人会将自己与那些展示出成功、幸福生活的人进行比较，从而感到压力和不满。

2. 职场中：在职场中，员工常常将自己的绩效、薪资和职位与同事进行比较，这种社会比较可以激励个人努力工作，但如果比较结果不利，可能会导致挫败感和工作满意度的下降。

3. 教育领域中：在学校中，学生们通过与同学的成绩进行比较来评估自己的学业水平。向上比较可以激励学生进步，而向下比较则可以帮助学生增强自信，但过度比较可能会对心理健康产生负面影响。

如何应对社会比较的负面影响

1. 选择积极的比较对象：为了减少社会比较带来的负面情绪，可以有意识地选择那些能够激励自己进步的比较对象，避免与差距过大的目标进行不必要的比较，从而保持积极的态度和动力。

2. 关注自身的进步：与其将自己与他人进行比较，不如关注自己的成长和进步。通过设立个人目标并评估自己的成就，个体可以获得更大的满足感，而不是陷入无尽的比较中。

3. 培养自我接纳：接受自己的独特性和不足，有助于减少社会比较带来的焦虑和自卑感。通过培养自我接纳，个体可以更加专注于自己的生活，而不再过度关注他人的表现。

心理学视角下的社会比较理论

社会比较理论揭示了个体在理解自己时不可避免的比较倾向。通过比较，人们能够更好地评估自己的能力和地位，但同时也容易因为比较而陷入不必要的压力和焦虑。理解社会比较的影响，可以帮助我们在生活中更加理性地进行比较，选择那些有助于个人成长的比较方式，而不是让自己被负面的情绪所困扰。

通过在日常生活中有意识地管理社会比较的方式，我们可以减少负面情绪的产生，增强自信和幸福感。这种对比较的理性态度，不仅有助于个人的心理健康，也能促进更积极和和谐的人际关系。

POINT 35
虚假一致性效应：高估他人与自己相似的倾向

虚假一致性效应（False Consensus Effect）是一种认知偏差，指人们倾向于高估他人对某事物的态度、信念或行为与自己一致的程度。这种效应使得个体在判断他人时，往往会根据自己的观点和行为模式进行推测，从而认为他人也会持有类似的观点。虚假一致性效应在社会互动中普遍存在，影响人们对他人态度和行为的判断，导致对社会环境的理解出现偏差。

虚假一致性效应的形成原因

虚假一致性效应的形成与人类的认知过程有关。当人们试图理解他人时，往往会以自身的态度和经验为参照，从而得出他人与自己类似的结论。此外，人们通常会与持有相似观点的人交往，这会进一步强化他们对"大家都和我一样"这一想法的信念。社交圈的相似性使个体更难意识到他人可能有不同的想法和态度，从而加剧虚假一致性效应的产生。

虚假一致性效应的实际表现

1. 政治与社会态度：在政治和社会问题上，个体往往会高估他人对某些议题的看法与自己一致。例如，一位支持某项政策的人可能会认为大多数人也支持该政策，而忽略反对者的观点和人数。

2. **职场决策中的偏差**：在职场中，领导者可能会高估团队成员对某项决策的认同度。因为他们以自己的观点为基础，假设其他人也会有相同的看法。这种偏差可能导致团队内部沟通不畅和决策的有效性降低。

3. **社交互动中的误解**：在人际交往中，个体可能会认为他人对某件事的态度与自己相同，例如对某个电影的喜好或对某个话题的兴趣。这种假设往往会导致误解，特别是在当他人表现出与预期不符的态度时，个体可能感到困惑或不满。

如何减少虚假一致性效应的影响

1. **意识到认知偏差**：减少虚假一致性效应的第一步是认识到这种认知偏差的存在。通过意识到自己在判断他人时可能会过度依赖自身的观点，个体可以更加开放地接受不同的看法和态度。

2. **主动了解他人的观点**：通过与不同背景和观点的人交流，可以帮助个体更好地理解他人的态度和信念，从而减少对他人与自己相似性的高估。主动倾听和提问可以帮助个体获取更真实的信息，避免因个人偏见而导致的错误判断。

3. **扩大社交圈的多样性**：扩大社交圈，接触不同的人和群体，有助于打破个体对一致性的错误假设。通过与持不同立场的人交往，个体可以更加全面地了解社会的多样性，从而减少虚假一致性效应的影响，增强对他人和环境的理解。

心理学视角下的虚假一致性效应

　　虚假一致性效应揭示了人们在理解他人时的认知偏差，这种偏差使得我们往往错误地认为他人与自己相似。虽然这种效应在一定程度上可以帮助我们简化对他人的理解，但也容易导致误解和偏见，尤其是在复杂的社会问题上。因此，理解并减少虚假一致性效应的影响，可以帮助我们更加客观地看待他人，尊重不同的观点和态度，从而促进更加和谐的人际关系和社会互动。

　　通过在日常生活中积极应对虚假一致性效应，我们可以学会以更加开放和包容的态度看待他人，减少因认知偏差而导致的误解和冲突。这种对多样性和差异的接受，不仅有助于改善人际关系，也能使社会更加和谐与多元。

POINT 36

镜像神经元：
理解他人行为与情感的神经基础

镜像神经元（Mirror Neurons）是一种特殊类型的神经元，它在个体观察他人执行某些动作时，会激活个体自己亲自执行这些动作。

这种神经机制被认为是理解他人行为、共情以及社交学习的基础。镜像神经元最初在对猴子的研究中被发现，后来也在人体中得到了证实，它揭示了人类行为和情感相互理解的神经基础。

镜像神经元的作用

镜像神经元使得个体可以通过观察他人的行为来理解其意图和感受。例如，当我们看到别人微笑时，镜像神经元帮助我们理解对方处于一种愉快的情绪状态；当我们看到他人痛苦时，也会激活相应的神经元，使我们对这种痛苦产生共情。这种神经机制是人类高效社交互动的关键，有助于我们在复杂的社会环境中理解和预测他人的行为。

镜像神经元的实际表现

1. 共情能力的形成：镜像神经元是共情能力的重要基础。当我们看到他人经历某种情绪时，我们体内的镜像神经元会激活与这种情绪相对应的区域，使我们能够感同身受。这种能力对于社交关系的建立和维持至关重要。

2. 儿童的模仿学习：儿童通过观察成人的行为来学习新技能，镜像神经元在这一过程中发挥了重要作用。例如，孩子通过观察父母的动作学习如何使用工具，这种模仿学习在儿童早期的发展中具有重要意义。

3. 运动技能的学习：在运动训练中，运动员可以通过观察教练或其他运动员的动作，来帮助自己学习和掌握某项技能。镜像神经元在这个过程中帮助运动员在大脑中"模拟"这些动作，从而提高运动表现。

如何增强镜像神经元的作用

1. 培养共情：通过有意识地关注他人的情绪和行为，个体可以增强镜像神经元的活跃程度，从而提高共情能力。这可以通过参与社交活动、与不同背景的人交流等方式来实现。

2. 观察学习：在学习新技能时，可以通过仔细观察他人的示范来激活镜像神经元，从而加快学习进度。例如，在学习一项运动技能时，通过观看高水平运动员的表现，可以在脑中建立更清晰的动作表征。

3. 正面互动：通过积极的社交互动，如微笑、拥抱等行为，可以激活他人的镜像神经元，从而促进积极的情感交流，增强社交关系的稳定性和亲密感。

心理学视角下的镜像神经元

镜像神经元的发现为我们理解人类的社交行为、学习过程以及共情能力提供了重要的神经生物学基础。它解释了为什么人类能够通过观察来理解他人的意图和情绪，以及为什么我们在社交中会自然地模仿他人的行为。

通过了解镜像神经元的作用，我们可以更加重视观察和互动在学习和社交中的重要性，进一步提高人际关系的质量。

通过在日常生活中有意识地利用镜像神经元的作用，我们可以增强对他人的理解和共情，这不仅有助于个人社交能力的提升，也有助于建立更加和谐和互信的社会关系。

POINT 37
沉没成本谬误：
为何我们不愿放弃已投入的资源

沉没成本谬误（Sunk Cost Fallacy）是一种认知偏差，指人们因为已经在某件事情上投入了大量时间、金钱或精力而不愿意放弃，即使继续投入可能并不合理。沉没成本是指那些已经无法收回的成本，理性决策应基于未来可能的收益和成本，而非已经付出的沉没成本。然而，沉没成本谬误使得人们在面对失败的项目时，往往会因为已经付出的投入而继续加码，导致更大的损失。

沉没成本谬误的形成原因

沉没成本谬误的形成与人类的心理抗拒损失和自我合理化有关。当人们在某件事情上投入了大量的资源时，放弃意味着承认失败并接受损失，这种认知上的不适使得人们更倾向于继续坚持，以避免面对损失的现实。此外，自我合理化也在其中起到了作用，个体通过继续投入来证明之前决策的合理性，从而避免自尊心受损。

沉没成本谬误的实际表现

1. **投资决策中的坚持**：在投资决策中，投资者常常会因为之前已经投入了大量资金，而不愿在市场表现不佳时及时止损，结果造成更大的财务损失。这种行为就是沉没成本谬误的典型表现。

2. **人际关系中的纠结**：在亲密关系中，个体可能会因为已经付出了很多情感和时间，而不愿意结束一段已经不再健康或幸福的关系，认为之前的投入不应白费，从而继续维持一段有害的关系。

3. **项目管理中的错误决策**：在项目管理中，团队可能会因为已经投入了大量资源而不愿放弃一个显然无法成功的项目，认为放弃就意味着之前的努力白费，这种坚持往往会造成更大的资源浪费。

如何避免沉没成本谬误

1. **关注未来而非过去**：为了避免沉没成本谬误，个体应更加关注未来可能的收益和成本，而不是已经无法挽回的投入。在作决策时，可以问自己："如果没有之前的投入，我现在会做什么选择？"

2. **客观评估现状**：通过定期对项目、投资或关系进行客观评估，可以帮助个体更好地理解目前的状态，从而作出更加理性的决策。引入外部意见也有助于打破对沉没成本的执着。

3. **减少情感依赖**：沉没成本谬误往往伴随着强烈的情感依赖。通过理性分析和减少情感投入，个体可以更容易地在必要时作出放弃的决定，从而避免更大的损失。

37 沉没成本谬误：为何我们不愿放弃已投入的资源

心理学视角下的沉没成本谬误

沉没成本谬误反映了人类在面对损失时的非理性行为，这种行为使得个体在决策时容易被过去的投入所左右，而无法客观地评估未来的收益和成本。理解沉没成本谬误可以帮助我们在生活中更加理性地作出决策，避免因为已经付出的代价而继续陷入不利的境地。

通过在日常生活和工作中有意识地避免沉没成本谬误，我们可以更加灵活地应对变化，在必要时果断放弃不再有利的选择，从而实现更高效的资源配置和个人成长。

POINT 38

本能迁移：
训练行为如何回归自然本能

本能迁移（Instinctive Drift）是指动物在经过训练后，学到的行为可能会逐渐被其自然本能所取代，最终导致训练效果消失或减弱。这种现象最早由心理学家凯勒·布雷兰（Keller Breland）和玛丽安·布雷兰（Marian Breland）在对动物的训练中发现。本能迁移揭示了本能在行为形成中的强大力量，即使是在人为训练后，动物仍会趋向于回归其本能行为，这对理解动物学习和行为塑造具有重要意义。

本能迁移的形成原因

本能迁移的形成主要是由于本能行为在动物的认知中具有更高的优先级，这些行为是经过长期进化而固定下来的，具有强大的生物学意义。当训练行为与动物的自然本能发生冲突时，动物可能会逐渐回归到其更为熟悉和"安全"的本能行为上，这就使得训练的效果被逐渐削弱。此外，本能行为通常与生存和繁殖密切相关，因此它们比经过短期学习获得的行为更具有持久性。

38 本能迁移：训练行为如何回归自然本能

本能迁移的实际表现

1. **动物训练中的行为退化**：在动物训练中，本能迁移最为常见。例如，经过训练的猪可以学会将硬币放入储蓄罐，但在一段时间后，它们可能会开始用鼻子挖硬币，这是一种与觅食相关的本能行为，从而干扰了训练效果。

2. **行为矫正中的反复**：在行为矫正中，如果没有持续巩固一些尝试改变动物或人类不良行为的训练，个体可能会逐渐回归到原有的本能反应。例如，训练狗狗不要扑人，在长期不强化的情况下，它们可能会重新表现出这种本能的社交行为。

3. **工作中的本能反应**：在人类的工作环境中，本能迁移也有类似表现。例如，在压力之下，人们可能会回归到那些经过长期养成的、看似不合理但安全的行为模式，如焦虑时咬指甲，这也是一种本能行为的迁移。

如何减少本能迁移的影响

1. **持续强化训练**：为了减少本能迁移的影响，训练必须持续进行。通过不断地强化正确的行为，可以帮助个体在面对本能冲动时保持训练效果，从而防止回归到本能行为。

2. **将训练行为与本能结合**：在训练过程中，如果能够将训练行为与动物的本能相结合，那么行为迁移的可能性将会降低。例如，在训练狗狗时，可以利用其觅食本能，将奖励与训练动作结合，以增强行为的稳定性。

3. **建立新习惯**：对于人类来说，建立新的习惯可以帮助减少本能迁移的影响。通过有意识地重复新的行为模式，可以逐渐形成新的习惯，从而替代原有的本能反应。

心理学视角下的本能迁移

本能迁移揭示了在行为学习过程中本能对个体行为的深刻影响。无论是动物还是人类，本能行为都是经过长期进化而形成的，因此具有很强的持久性和适应性。理解本能迁移可以帮助我们在训练和行为改变过程中采取更加有效的方法，从而减少本能对新学行为的干扰，改善行为训练的效果。

通过在生活和工作中意识到本能迁移的影响，我们可以更加科学地进行行为训练和习惯培养，从而在面对本能反应时更加有效地坚持新学到的行为。这样的理解和应用，不仅有助于个体的成长，也能帮助我们更好地塑造社会行为。

POINT
39
马太效应：
强者愈强、弱者愈弱的现象

马太效应（Matthew Effect）是指"强者愈强，弱者愈弱"的社会现象，这一概念源自《圣经·马太福音》中的一句话："凡有的，还要加给他叫他多余；没有的，连他所有的也要夺过来。"心理学家罗伯特·莫顿（Robert K. Merton）最早提出这一概念，用以解释社会、经济以及教育中的不平等现象。马太效应强调了资源和机会在社会中的不均衡分配，导致优势和劣势的积累效应，进一步加剧了社会的分化。

马太效应的形成原因

马太效应的形成主要与资源分配和机会获取的累积优势有关。个体或群体在一开始占有资源或优势后，往往更容易获得进一步的机会和支持，这使得他们能够不断扩大自己的优势。相反，处于劣势的个体由于缺乏资源和机会，很难打破现有的困境，导致劣势不断积累。此外，社会认知和标签化也会加剧马太效应，例如人们倾向于将成功者视为更有能力，从而给予更多资源和支持，进一步加剧了不平等。

马太效应的实际表现

1. 教育中的差距：在教育领域，成绩优秀的学生往往会获得更多的关注、资源和机会，例如奖学金、推荐机会等，这使得他们的优势进一步扩大。而成绩较差的学生则缺乏这些机会，可能会逐渐失去学习的动力和信心，导致教育差距进一步拉大。

2. 职场中的晋升机会：在职场中，表现突出的员工更有可能获得晋升、加薪和培训机会，这使得他们在职业发展中处于有利地位。而表现一般的员工则难以获得这些机会，导致他们在职业道路上停滞不前。

3. 经济上的不平等：在经济领域，富人由于掌握了更多的资源和资本，可以通过投资等方式不断扩大财富，而贫困群体则由于缺乏资本积累，难以改善自己的经济状况，导致贫富差距越来越大。

如何应对马太效应

1. 公平分配资源：为了减少马太效应的负面影响，社会应更加注重资源的公平分配，特别是在教育和公共服务领域，通过给予弱势群体更多的支持和机会，帮助他们打破困境。

2. 鼓励多样性发展：在职场和教育中，鼓励多样性和个性化的发展，避免单一标准的成功定义，可以帮助更多人找到适合自己的发展道路，从而减少马太效应的积累效应。

3. 建立支持系统：通过建立社会支持系统，如补贴、教育资助和职业培训，可以为处于劣势的个体提供更多机会，帮助他们提升自身能力，打破不平等的恶性循环。

心理学视角下的马太效应

马太效应揭示了资源和机会不均衡分配对个体和群体发展的深远影响。这种效应不仅加剧了社会的不平等，还可能导致弱势群体的心理负担加重，影响其自我效能感和社会参与度。理解马太效应可以帮助我们更加关注社会中的弱势群体，通过政策和行动为他们提供更多支持，从而促进社会的公平与正义。

通过在生活和工作中有意识地应对马太效应，我们可以促进资源的合理分配，帮助更多的人获得平等发展的机会。这种努力不仅有助于个体的成长，也对社会的整体和谐与进步具有重要意义。

POINT
40
反馈效应：
行为与环境的双向影响

反馈效应（Feedback Effect）是指行为与环境之间的双向作用关系，强调了个体的行为会对环境产生影响，而环境的变化又会反过来对个体的行为产生进一步的影响。这种动态的相互作用机制帮助我们理解个体行为的维持、改变以及环境在行为塑造中的重要性。

理论背景与提出过程

反馈效应的概念起源于系统理论和控制论，在心理学中得到了广泛应用，用于解释个体如何通过与环境的互动来维持或改变行为。心理学家阿尔伯特·班杜拉（Albert Bandura）在其社会认知理论中指出，个体的行为、环境和个人因素（如认知和情绪等）相互影响，这种相互影响便是反馈效应的核心思想。

反馈效应的关键在于理解行为与环境并不是孤立存在的，而是通过不断的相互作用来塑造个体的心理状态和行为模式。例如，积极的行为会在环境中产生积极的反馈，而这种正面反馈又会进一步鼓励个体继续保持这种行为。反之，负面行为也会在环境中引发消极的反馈，从而导致行为的恶化。

反馈效应的主要特征

1. 双向作用：反馈效应的最显著特征就是行为与环境之间的双向互动。个体的行为会影响环境的变化，而环境的变化会进一步影响个体的行为。例如，一个学生在课堂上积极发言（行为），得到老师的表扬（环境反馈），这种正面的反馈会激励他在未来更加积极参与。

2. 正向与负向反馈：反馈效应可以是正向的，也可以是负向的。正向反馈能够提高某种行为的发生概率，例如，积极的工作表现带来奖金激励，员工会更努力工作。而负向反馈则会抑制行为的发生，例如，不良行为导致的处罚会使个体避免再次出现这种行为。

3. 系统性与循环性：反馈效应是一个动态的过程，行为与环境的相互作用形成了一个循环的系统。例如，一个人开始锻炼（行为），这种锻炼改善了他的身体健康（环境变化），健康的身体状态又会激励他继续保持锻炼的习惯。

经典实验与研究

在心理学中，反馈效应的经典实验之一是斯金纳（B.F. Skinner）在操作性条件反射实验中的研究。他通过控制实验环境对动物行为的强化方式来观察行为的变化。例如，当老鼠按下杠杆后获得食物作为奖励，正向反馈会导致老鼠更频繁地按压杠杆。这种实验展示了反馈效应在行为维持和塑造中的重要作用。

此外，社会心理学中的自我实现预言（Self-fulfilling Prophecy）也体现了反馈效应的力量。例如，当老师对某些学生抱有较高的期望时，这些学生往往会表现得更好，这种现象是因为教师的高期望影响了对学生的行为反馈，而这种正面的反馈又激励了学生的学习行为，形成了积极的循环。

反馈效应的实际应用

1. **学校教育中**：在教育领域，反馈效应被广泛用于学生行为的塑造。教师通过对学生的行为进行及时的反馈，可以帮助学生理解自己的行为后果，从而促使他们形成良好的学习习惯。例如，积极的课堂表现得到老师的鼓励和表扬，这种正面反馈能有效地增强学生的学习动力。

2. **工作场所中**：在职场中，管理者通过反馈效应来激励员工。给予员工积极的反馈，例如表扬或奖励，可以激发员工的工作动力，使他们愿意在未来继续保持高效率的工作。而消极的行为，例如迟到或任务完成不及时，通过适当的负面反馈也可以减少其发生的概率。

3. **家庭教育中**：父母与子女之间的互动中，反馈效应也扮演着重要角色。孩子的行为得到父母的正面回应（如表扬或奖励），这种反馈会鼓励孩子继续保持良好的习续；相反，负面的反馈如批评或惩罚可能会让孩子对某些行为产生抵触或回避。

如何运用反馈效应促进行为改变

1. **及时的反馈**：反馈的及时性是促进行为改变的关键。及时给予正面反馈能够让个体清楚地认识到哪种行为是值得鼓励的，从而更好地维持这种行为。例如，在团队项目中，团队成员完成工作后立即给予正面反馈，可以增强他们的成就感和继续努力的动机。

2. **具体化的反馈**：反馈应尽可能具体化，以便让个体知道什么行为是有效的，哪些需要改进。例如，在教育中，教师应该具体指出学生在哪个环节表现优异或不足，而不是只给出笼统的好坏评价。

3. **结合正面与建设性反馈**：在进行负面反馈时，可以同时结合建设性建

40 反馈效应：行为与环境的双向影响

议，以减少个体的抵触情绪，促进正向行为的形成。例如，在批评员工的工作时，可以同时提出改进建议，让员工感受到支持和期望，而不仅仅是消极的评价。

心理学视角下的反馈效应

反馈效应不仅揭示了个体行为与环境之间的互动机制，还帮助我们理解了如何通过调整环境中的反馈来影响个体行为的维持和改变。通过正面强化，可以促进积极行为的延续；通过负面反馈，可以减少不良行为的发生。理解和运用反馈效应，是教育、职场管理、家庭教育等领域中实现有效行为管理的重要手段。

反馈效应提醒我们，行为和环境之间的关系并不是单向的，而是相互作用、相互影响的。通过有效利用环境中的反馈，我们可以更好地塑造自己的行为模式，促进个人成长，甚至改善社会关系和集体氛围。

POINT
41

曝光效应：
熟悉感如何影响我们的偏好

曝光效应（Mere Exposure Effect）由心理学家罗伯特·扎荣茨（Robert Zajonc）于 1968 年提出，指的是人们倾向于更喜欢那些他们熟悉的事物的现象。简单地说，越是反复看到某些事物，人们就越有可能对其产生好感。这种效应揭示了熟悉性在影响人类态度和偏好中的强大作用。

理论背景与提出过程

曝光效应的理论基础是对人类进化的理解。在进化过程中，熟悉的事物通常意味着安全和无害，而新奇或陌生的事物可能意味着潜在的危险。因此，人类会对那些不断出现在他们视野中的事物产生好感。这种偏好是一种无意识的反应，扎荣茨通过一系列实验验证了这一理论。

扎荣茨的研究显示，曝光次数越多，参与者对这些物品的喜爱程度就越高。即使是一些无意义的符号、面孔或声音，经过多次曝光后，也会更受欢迎。这种现象被称为"曝光效应"，并被广泛应用于广告、政治宣传等领域。

经典实验与研究

扎荣茨的经典实验之一是向参与者展示一组不同的图像，包括无意义的符号、外国语言的词汇，以及不熟悉的面孔，每个图像被展示的次数不同，结果显示，那些被反复展示的图像显著地比只展示一次的图像更受参与者喜爱。这一结果证明，简单的重复曝光可以增强人们对事物的好感。

另一项相关的研究是在广告领域进行的。研究人员发现，消费者对某些品牌的偏好在很大程度上取决于他们在各种媒体上看到这些品牌的频率。曝光次数越多，消费者对该品牌的好感度就越高，这也是很多品牌不断重复播放广告的原因。

曝光效应的实际应用

1. 广告与品牌推广：曝光效应在广告行业被广泛应用，广告商通过不断重复展示品牌名称和产品图像，以增加消费者的熟悉感，最终提升品牌的知名度和喜爱度。无论是电视广告、社交媒体还是户外广告牌，品牌的反复出现能够让消费者对其产生更深的印象，并倾向于在购买时选择他们熟悉的品牌。

2. 政治宣传：在政治宣传中，候选人通过不断出现在各种媒体渠道中来增强公众的熟悉感，这种频繁的曝光能够提升候选人的支持率。曝光效应解释了为什么在选举期间，候选人的海报、演讲和媒体报道会不断出现，以加深选民的印象。

3. 人际关系：在人际交往中，曝光效应也有着重要影响。例如，在同一个班级、工作环境或社交圈中，随着见面的次数增多，人们往往会对他人产生更大的好感。这种现象解释了为什么同班同学、同事之间更容易形成友谊，因为彼此的频繁接触增加了熟悉感。

曝光效应的优势与局限

1. 增强好感：曝光效应能够有效增强个体对特定事物的好感，尤其是当事物本身不带有强烈的负面情感信息时。这在广告推广、品牌建设和社交关系的建立中具有重要作用。

2. 局限性：然而，曝光效应也有其局限性。如果一个事物本身带有负面情绪信息或使个体初次接触时产生了不好的体验，频繁的曝光可能会进一步增强这种负面情绪。例如，如果某个品牌的初次体验不佳，那么反复的广告曝光可能会让消费者更加厌恶该品牌。此外，过度曝光也可能引发"疲劳效应"，即人们会对过于频繁出现的事物感到厌倦，甚至产生排斥。

心理学视角下的曝光效应

曝光效应从心理学的角度揭示了熟悉感在影响人类态度方面的深刻作用。通过不断的接触和重复，个体对某些事物的熟悉度增加，这种熟悉度通常会被误认为是安全、可信和喜爱的标志。因此，熟悉感在社会交往、广告营销和品牌推广中，都是极为重要的心理因素。

理解曝光效应有助于我们更有意识地看待那些通过反复展示而试图影响我们决策的事物。例如，在购物时，我们应意识到对某些品牌的好感可能是由于频繁的广告，而不是产品本身的优越性。另外，我们也可以在日常生活中有意识地利用曝光效应来增进人际关系，通过与他人增加接触频率，逐渐建立更深厚的友谊。

去个体化：群体中的匿名性如何影响行为

去个体化（Deindividuation）是指个体在群体中由于匿名性增加而失去自我意识，从而表现出不同寻常行为的现象。这种状态通常会导致个体放松自我控制，表现出更为极端的行为，尤其是在群体行为中。这一现象在社会心理学中被用来解释暴动、网络暴力等群体行为。

去个体化的形成原因

去个体化的形成与群体中的匿名性、责任分散以及自我意识的降低有关。当个体感到自己在群体中是匿名的，他们的行为会更多地受到群体氛围的影响，而不是个人的道德准则。此外，群体中的责任分散使得个体不再为自己的行为承担全部责任，这进一步促使他们表现出极端的行为。

去个体化的实际表现

1. 暴力行为：在大型集会或抗议中，个体在群体的掩护下可能会表现出平时不会表现的暴力行为，例如破坏公共设施、攻击他人等，这些行为往往是在去个体化状态下发生的。

2. **网络暴力**：在互联网上，由于匿名性，个体更容易发表极端的言论，攻击他人。去个体化使得人们在网络上缺乏对自己行为的约束，导致网络暴力的频繁发生。

3. **狂欢和过激行为**：在节庆活动中，个体往往会因为周围群体的行为而失去约束，表现出过激甚至危险的行为，如酗酒、闹事等。

如何减少去个体化的影响

1. **增强个体责任感**：通过在群体活动中明确个体的责任，增强其责任意识，可以有效减少去个体化的现象。例如，通过分配具体任务和职责使个体意识到自己行为的影响。

2. **增强自我意识**：通过在群体活动中设置反思环节或使用镜子等方法增加个体的自我意识，可以帮助个体在群体中保持自我控制，减少过激行为的发生。

3. **减少匿名性**：通过降低匿名性，例如在网络上使用实名制等，可以有效减少去个体化导致的负面行为，因为个体在知道自己身份被公开的情况下会更加注重自我约束。

心理学视角下的去个体化

去个体化揭示了个体在群体中的行为变化，当个体的身份被隐藏或被群体所掩盖时，他们更可能表现出与平时不同的行为。理解去个体化现象可以帮助我们在社会和网络环境中采取措施，减少不良行为的发生，促使个体在群体中的行为更加理性和负责任。

通过采取措施减少去个体化的影响，我们可以在集体行动中保持个体的自我意识和责任感，从而防止群体行为失控，促进社会环境更加和谐和有序。

POINT 43
选择支持偏差：
为何只记得有利于自己的决定

选择支持偏差（Choice-Supportive Bias）是指人们在做出决定后，倾向于美化自己选择的选项，同时贬低未选择的选项。这种偏差使得个体更加坚定地相信自己的选择是正确的，即使事实并不支持这种看法。这种现象在日常决策、消费行为和人际关系中普遍存在，并影响个体对过去决策的评价。

选择支持偏差的形成原因

选择支持偏差的形成与人类对认知一致性的需求有关。为了避免因选择带来的认知不协调，个体往往会通过美化自己选择的选项来减少心理冲突。这种机制帮助人们保持心理的稳定和自尊。此外，选择支持偏差也受到自我辩护机制的影响，人们希望证明自己是理性的，因而倾向于选择性地记住对自己有利的信息。

选择支持偏差的实际表现

1. 消费决策后的自我肯定：在购物后，消费者往往会强调自己购买的产品优点，忽略缺点，即使他们意识到其他产品可能更适合他们的需求。

2. 职业选择中的偏差：人们在选择职业后，通常会强调自己职业的优点，贬低其他未选择的职业，以此来减少对自己选择的怀疑。

3. 人际关系中的偏好：在选择恋爱伴侣后，个体通常会更加注意伴侣的优点，而忽视缺点，这样可以减少对自己选择的后悔。

如何减少选择支持偏差的影响

1. 客观看待选择结果：为了减少选择支持偏差，个体应学会客观地看待自己的选择结果，承认可能存在的缺点和不足，并接受选择可能不是最优的事实。

2. 获取外部反馈：通过寻求他人的意见和反馈，可以帮助个体对自己的选择进行更加全面的评估，避免因偏见而忽视重要的信息。

3. 学会接受不完美：认识到每个选择都有优缺点，学会接受不完美的现实，可以帮助我们更理性地看待自己的决策，从而减少偏差的影响。

心理学视角下的选择支持偏差

选择支持偏差揭示了人类在面对自己决策时的心理防御机制，这种机制帮助个体维持心理一致性，避免因选择不当带来的负面情绪。然而，选择支持偏差也可能导致个体忽视决策中的问题，从而影响未来的决策质量。理解选择支持偏差可以帮助我们在做出决策后更加理性地评价自己的选择，避免因美化过去的决策而陷入不必要的困境。

通过对选择支持偏差的理解，我们可以在日常生活中更加理性地看待自己的选择，承认其中的不足和改进空间，从而在未来的决策中做出更加明智和有效的选择。

POINT 44
幸存者偏差：
我们只能看到成功者

幸存者偏差（Survivorship Bias）是一种常见的认知偏差，它指的是在分析某个现象时，人们倾向于只关注"存活"或"成功"的案例，而忽略那些"失败"或"消失"的个体，从而得出错误的结论。这种偏差使我们高估了成功的可复制性，误以为某些行为、策略或特质必然导致成功，而忽略了大量失败者的存在。

换句话说，我们并不是在研究"成功的真正原因"，而是仅仅观察到了"活下来"的样本。这种错误认知可能出现在投资、创业、学习、甚至个人成长的决策过程中，导致人们做出误判。二战战斗机防护策略的故事，正是幸存者偏差最经典的案例。

经典案例

二战期间，盟军战斗机的损失率极高，军方希望优化战机装甲，以提高存活率。他们收集了返航战机的损伤数据，发现弹孔主要集中在机翼、机身两侧和尾部。技术人员推测，这些区域最容易被击中，因此建议在这些地方加厚装甲，以减少战机被击落的概率。

然而，这个结论有一个致命漏洞——所有被分析的飞机，都是成功返航的战机。真正被击落的飞机，我们根本没有数据。那些没有返航的飞机，可能是被击中了发动机、驾驶舱或燃料舱，直接坠毁，因此没有机会被统计。

数学家亚伯拉罕·瓦尔德（Abraham Wald）介入后指出，这个分析陷入了幸存者偏差，因为它忽略了那些"看不见的失败者"——那些被击中关键部位、无法返航的战机。

他的推理是：

1. 如果某些部位被击中后仍能返航，说明这些部位的损伤并不致命。

2. 如果某些部位几乎没有弹孔，并不意味着敌人没瞄准，而是因为被击中这些部位的战机根本无法返航。

3. 真正致命的伤害，往往发生在弹孔最少的部位，比如发动机、驾驶舱和燃料系统。

最终，美军调整了防护策略，在发动机、驾驶舱和燃料舱加厚装甲，而不是在机翼和尾部浪费资源。这一决策显著提高了战机的生存率，也成为幸存者偏差的经典案例。

这个案例告诉我们：如果你只看到"活下来"的样本，你就无法了解那些"失败"的个体为什么消失了。

幸存者偏差在现实生活中的体现

1. 高估成功者的经验

- 投资：许多人崇拜巴菲特，研究他的投资策略，却忽略了无数同样操作但亏损的投资者。
- 创业：媒体报道的成功企业家，往往强调"坚持""冒险"，但许多失败者也具备这些特质。

2. 忽略失败者的经历

- 职场：我们以为某些特质能带来晋升，但忽略了拥有同样特质却没成功的人。

- 教育与学习：名校毕业生的成功故事常被夸大，但很多人有同样的教育背景，却未能取得相似的成就。我们只关注那些"成功的名校生"，却忽视了那些同样受过精英教育但并未脱颖而出的人。

3. 媒体制造的"成功神话"

- 媒体总是聚焦传奇故事，让观众误以为这些成功经验适用于所有人。
- 个别案例不能代表整体趋势，我们需要长期统计数据来验证成功模式。

如何避免幸存者偏差的误导

1. 思考"看不到的失败案例"

- 任何成功案例都要问自己：有多少失败者曾做过相同的事情？
- 研究整体数据，而不是只听成功者的故事。

2. 寻找完整样本，而非仅观察幸存者

- 投资时，不只看赢家，要研究失败者为什么失败。
- 创业时，不只听成功故事，要学习失败企业的致命错误。

3. 警惕被筛选过的信息

- 社交媒体、新闻、书籍，往往只报道成功故事，而不提及失败案例。
- 寻找长期统计数据，而不是个别励志传奇。

心理学视角下的幸存者偏差

幸存者偏差是一种思维陷阱，它让我们误以为某些行为必然导致成功，而实际上，我们只看到了"活下来的人"。

二战战机案例完美地展示了幸存者偏差的危害——如果只研究返航的飞机，就会错误地判断防护重点。

现实生活中，创业、投资、学习、个人成长等领域，都存在类似的幸存者偏差，如果我们不警惕，就会被误导做出错误决策。

真正的智慧，是研究那些"没有成功"的案例，而不是只关注那些"幸存者"。

POINT 45
帕金森定律：
工作膨胀以填满所有可用时间

帕金森定律（Parkinson's Law）由英国历史学家和社会学家西里尔·诺斯科特·帕金森（C. Northcote Parkinson）提出，他认为工作会扩展到填满为其安排的时间。这意味着，如果你给自己两天时间完成一个任务，你会花满这两天的时间；而如果你只给自己一天，你可能也会在这一天内完成。这一现象反映了工作时间管理中的常见问题，并对效率产生了重要影响。

帕金森定律的表现形式

1. **时间的浪费**：当我们给自己太多时间来完成一项任务时，工作往往会膨胀到占据所有的时间，即使任务本可以更快完成。个体会利用多出来的时间进行反复修订、添加不必要的细节，甚至因为拖延而丧失效率。

2. **冗余工作**：帕金森定律不仅适用于时间管理，还适用于资源的使用。如果一个项目有过多的资源支持，那么这些资源往往也会被全部消耗，即使它们并非必须。工作团队也常常因为资源过剩而增加冗余的工作。

帕金森定律的实际应用

1. **项目管理**：在项目管理中，帕金森定律提醒管理者需要合理设定截止日期，以避免不必要的拖延和低效的工作。例如，在设定项目任务时，可以通过将时间缩短至合理范围来促使团队提高效率。

2. **个人时间管理**：对于个体的时间管理，帕金森定律也有重要启示。如果给某件事的时间越多，事情就会花费越长的时间。因此，设定紧凑但可行的截止时间能够帮助人们集中注意力，快速完成任务。

3. **团队合作中的应用**：在团队合作中，设定明确的期限和责任人，可以防止工作任务因为时间过于宽裕而导致的延迟和低效。通过合理分配任务和时间，能够提高整个团队的生产力和效率。

如何应对帕金森定律

1. **设定紧凑的时间限制**：为了避免帕金森定律的影响，建议设定紧凑但现实的时间限制，以迫使自己高效完成任务。例如，如果你通常需要一天完成一项任务，可以尝试将时间缩短为半天，以提高专注度。

2. **分解任务**：将大任务分解为若干个小的、时间有限的子任务，可以减少拖延，并使工作更具结构性和可操作性。每完成一个子任务，都会产生成就感，从而促进整体任务的完成。

3. **优先处理最重要的部分**：学会在最开始的时间内优先处理任务中最重要和最具挑战性的部分，这样可以避免因时间拖延而在最后阶段面临压力。

心理学视角下的帕金森定律

帕金森定律揭示了人们在时间管理和资源分配中的一种心理倾向，即在给定时间内尽可能填满工作。理解这一定律可以帮助我们在工作和生活中更加有效地管理时间和资源，避免无谓的拖延和效率的降低。通过设定合理的时间限制并坚持执行，我们可以更好地克服帕金森定律的负面影响，提高整体效率。

通过对帕金森定律的理解，我们可以更好地认识到时间管理中的潜在问题，并采取相应的策略加以应对，从而提升工作效率和生活质量。在当今快节奏的社会中，时间管理的有效性是成功的重要因素之一，因此理解和应对帕金森定律具有非常现实的意义。

POINT 46

格兰诺维特的弱联系理论：人际网络中的潜在力量

弱联系理论（The Strength of Weak Ties Theory）由社会学家马克·格兰诺维特（Mark Granovetter）于1973年提出，是理解人际网络中联系强度与资源流动关系的重要理论。格兰诺维特在其经典论文《弱联系的力量》中详细探讨了强联系和弱联系在社会网络中的不同作用，提出弱联系在信息流动、资源共享和社会机会获取中的关键作用。该理论的提出被认为是社会学和网络分析领域的重要突破，对人际关系和社会互动的理解产生了深远的影响。

理论的提出与发明过程

格兰诺维特的弱联系理论源于对社会网络的深入研究，特别是对信息流动和社会结构的关注。在20世纪60年代至70年代，社会科学家们逐渐意识到人际关系网络在影响个体行为和社会结构方面的重要性。然而，当时的研究多集中在"强联系"上，即那些亲密、频繁互动的人际关系，如家人、密友和同事等。然而，格兰诺维特在研究过程中发现，强联系的一个显著特征是群体内的高度重叠性，这意味着强联系中的成员往往来自同一个社会圈子，信息的来源具有重复性，难以提供真正新颖的资讯。

46 格兰诺维特的弱联系理论：人际网络中的潜在力量

在这一背景下，格兰诺维特意识到社会网络中还有另一类重要的联系——"弱联系"。弱联系是指那些不太亲密、交流不太频繁的人际关系，例如远房亲戚、偶然认识的朋友或同事的朋友。格兰诺维特通过对职场人际关系的调查研究发现，弱联系往往扮演着桥梁的角色，将个体连接到不同的社会群体，帮助他们获取全新的信息和资源，这些是强联系无法提供的。于是，格兰诺维特在其1973年的经典论文中提出了弱联系的力量理论，并通过实证数据证明了弱联系在社会互动中的关键作用。

格兰诺维特通过访谈和社会调查收集了大量数据，尤其是关于人们如何找到新工作的调查。他发现，很多人找到新工作并不是通过最亲近的家人或朋友（即强联系），而是通过那些交情较浅、接触不多的弱联系。这一发现颠覆了传统观念，即认为强联系是社交中最重要的联系类型，标志着对社会网络和信息传播的新理解。

弱联系的特征与强联系的对比

1. **弱联系的特征**：弱联系是指那些不太亲密、见面不太频繁的社交关系，例如平时只在社交媒体上互动的朋友、同事或朋友的朋友。虽然这些联系中的情感成分较少，但却往往能带来意想不到的机会。弱联系的一个重要特征是"桥接作用"，即将不同的社交圈子连接在一起，使得信息和资源可以跨圈层流动。

2. **与强联系的对比**：强联系是指那些亲密、频繁互动的关系，如亲人、密友和同事。强联系在情感支持和社会认同方面扮演着重要角色，但由于群体重叠性较高，所提供的信息往往具有较大的重复性。因此，强联系虽然在情感支持方面很重要，但在获取新信息和新机会方面则较为局限。

弱联系理论的实际应用

1. **职场与就业**：在职场中，弱联系是获取新机会的重要渠道。格兰诺维特的研究表明，许多人在寻找新工作时，正是通过那些不太亲密的联系找到了机会。这是因为弱联系将我们连接到不同的社会圈子，能够获取到在自己的强联系中无法获得的独特信息和机会。

2. **社会资本的获取**：弱联系能够帮助个体扩大社交网络，获取到更多的社会资源。例如，创业者可以通过参加行业会议，结识行业内的各类人士，这些新建立的弱联系可能在未来的合作、融资、业务拓展等方面提供意想不到的帮助。

3. **信息传播**：在信息传播过程中，弱联系也起着重要作用。通过弱联系，信息能够快速从一个社交网络传播到另一个网络，从而达到更广泛的覆盖面。这一特征在社交媒体上尤为明显，通过弱联系，人们能够迅速接触到多样的信息和不同的观点。

如何有效利用弱联系

1. **主动拓展社交圈子**：为了最大限度地利用弱联系，个体应主动走出舒适圈，参加行业会议、社交聚会等活动，以认识更多的新朋友。这些新建立的联系可能会在未来为我们提供宝贵的机会。

2. **保持适度的互动**：虽然弱联系不需要频繁互动，但适度的保持联系可以帮助维持关系的活跃度。例如，节假日发送问候信息、在社交媒体上点赞或评论，都是保持弱联系的有效方式。

3. **利用弱联系进行信息共享**：在需要获取新信息或资源时，弱联系往往

46 格兰诺维特的弱联系理论：人际网络中的潜在力量

比强联系更具价值。个体可以通过联系那些较为松散的社交圈子，来获得新的资讯和建议，从而做出更加全面的决策。

心理学视角下的弱联系理论

格兰诺维特的弱联系理论从心理学和社会学的角度揭示了人际关系网络的复杂性及其对个体生活的深远影响。弱联系提供了进入不同社交圈子的桥梁，有助于个体获取到强联系无法提供的异质性资源。通过理解弱联系的力量，我们可以在生活和职业中更好地管理和利用这些联系，从而获得更多的社会支持、信息资源和发展机会。

弱联系的心理效应与幸福感

弱联系不仅在资源获取和信息传播中起着重要作用，还在提升个体的幸福感方面扮演着不可忽视的角色。弱联系有助于个体在日常生活中获得更多的社会互动和认同感，从而增强归属感和幸福感。虽然这些互动不如强联系那样深刻，但它们为生活增添了丰富性和多样性。

通过对弱联系理论的理解，我们可以更好地认识到人际关系的多样性及其在生活中的重要性。学会有效地建立和维护弱联系，不仅有助于实现个人发展目标，还能在日常生活中获得更多的情感支持和幸福感。

POINT 47

峰终定律：
你的记忆是如何欺骗你的

峰终定律（Peak-End Rule）是一种心理学现象，它描述了人类在回忆一段经历时，并不会平均回顾整段过程，而是主要受到两个关键时刻的影响——体验中的"最高潮（峰值）"和"结束时的感受（终点）"。这一现象意味着，我们的记忆并不忠实地记录客观经历，而是由情绪最强烈的瞬间和最终的印象塑造，这常常会导致对过去的扭曲回忆。

峰终定律最早由诺贝尔经济学奖得主、心理学家丹尼尔·卡尼曼（Daniel Kahneman）提出，他的研究发现，人们的回忆往往并不取决于整个体验的平均感受，而是由其中的"高光时刻"和"结尾"所主导。这一心理机制在个人情感、消费体验、决策判断等诸多方面都发挥着重要作用，并被广泛运用于商业营销、影视制作、旅游策划等领域。

理论背景与提出过程

人们通常认为，回忆是一种精准的过程，可以忠实再现过去的经历，但事实并非如此。大脑不会记录所有细节，而是重点存储那些最具情绪冲击的时刻和最终的感受。这正是峰终定律的核心观点。

卡尼曼和同事在1993年的实验清晰地证明了这一点：

47 峰终定律：你的记忆是如何欺骗你的

- 实验 1：受试者被要求将手浸入 14℃的冷水中（极为冰冷），持续 60 秒。
- 实验 2：另一组受试者同样将手浸入 14℃的冷水中，但这次要求他们再多坚持 30 秒，在这最后 30 秒里，水温缓慢升高 1℃（稍微温暖了一点）。
- 事后，研究者询问他们："如果再选一次，你愿意重复哪种体验？"
- 令人惊讶的是，大多数人选择了第二种体验，即便它更长、更痛苦。

为什么？因为第二种体验的结尾稍微缓和了一点，大脑因此对它的整体回忆变得不那么负面。这一研究表明，人类的记忆不会忠实记录整个过程，而是高度依赖体验中的"高峰"时刻和"结尾"。

这一现象不仅仅出现在实验室里，它在我们的日常生活中也十分常见。

峰终定律在日常生活中的体现

1. 你的体验由"高光"和"结尾"决定

- 你去了一家餐厅，前面几道菜都很普通，但最后的甜点惊艳绝伦，你会觉得这家店"超级棒"。
- 你看了一部电影，前 90 分钟都很一般，但最后 20 分钟剧情精彩，你会觉得这是一部"神作"。
- 你去旅行，旅程大部分都很愉快，但最后一天因航班延误，你可能会认为这次旅行"糟透了"。

2. 痛苦的回忆可能比实际经历更糟

- 如果你做了一次手术，过程大部分时间都还好，但最后几分钟特别痛苦，你可能会觉得整个手术"极其痛苦"，即使前面并不难受。
- 你和恋人曾有很多甜蜜时光，但如果分手方式很糟糕，你可能会觉得这段感情"从头到尾都是一场灾难"。
- 你小时候上学的经历或许并不差，但如果你最后一次考试考砸了，你可能会觉得"整个学生时代都很痛苦"。

3. 商家和内容平台都在利用它

• 餐饮业：许多餐厅会在最后一道菜（甜点或咖啡）上下功夫，因为最后的印象极大程度影响了顾客的整体评价。

• 旅游业：旅行社会在行程最后一天安排最震撼的体验，比如烟火秀、豪华晚宴。

• 电影/电视剧：许多影视作品的结尾会设置高潮反转或开放式悬念，让观众带着强烈情绪离开，从而提升评分和口碑。

如何利用峰终定律

1. 刻意制造"高光时刻"

如果你想让某段经历变得难忘，就刻意制造一个高潮：

• 约会时安排一个意想不到的小惊喜，让对方印象深刻。

• 演讲时在最后加一个震撼性的结尾，让观众印象深刻。

• 工作中，抓住关键时刻表现突出，提升老板对你的总体评价。

2. 优化"最后的体验"

• 会议、旅行、演讲的最后部分一定要精彩，因为人们更容易记住最后的印象。

• 客户服务：商家可以在顾客离开时送上一点额外的小礼品，比如免费咖啡或巧克力，增强整体好感度。

3. 避免"最后一刻毁掉一切"

• 面试中，最后几句话比开头更重要，确保你的结束语有力而不出错。

• 社交关系中，别在最后一刻做让人反感的事，否则前面建立的好感可能瞬间崩塌。

• 职场工作中，收尾工作要做好，因为最后的印象会影响领导的整体评价。

心理学视角下的峰终定律

你的记忆不是录像机,而是一个会"剪辑"的大脑。它不会记录整个经历,而是删除大部分平淡的细节,只保留"最高潮的情绪"和"最后的印象"。

这让你在回忆过去时,可能会:

- 高估某段美好回忆的价值

你可能觉得大学四年是人生最美好的时光,但你真的记得所有通宵复习、考试焦虑、无聊课堂吗?

你记住的可能只是毕业典礼、狂欢夜、最后一次宿舍聚会——因为这是"高峰"和"终点"。

- 因为最后的痛苦而彻底否定一段经历

你可能觉得曾经的一段感情"全是痛苦",但其实你只是记住了分手时的难过,而忘记了曾经的快乐。

- 在决策时被情绪左右

你可能会选择回到一份其实不喜欢的工作,因为你只记得最后一次升职的兴奋,而忘了长期的压力。

但如果你懂得这个规律,你就可以刻意优化你的体验,让自己的人生留下更美好的记忆,而不是被大脑的"记忆欺骗"所左右。

你的记忆,会影响你的感受;而你的感受,会影响你的人生。既然如此,何不利用"峰终定律",让自己过上更美好的生活。

POINT 48

证实偏见：
我们如何选择性地确认自己的信念

证实偏见（Confirmation Bias）是指人们倾向于寻找、解释并记住那些与他们已有信念和观点一致的信息，而忽视或排斥那些与之相矛盾的信息。这一心理学现象使得人们在面对复杂的信息时更容易固守己见，从而影响他们的判断与决策。

证实偏见的提出与背景

证实偏见的概念最早由英国心理学家彼得·沃森（Peter Wason）在20世纪60年代通过实验提出。他设计了一系列任务，要求参与者通过提问来验证一个隐藏的规则。沃森发现，参与者往往倾向于提出那些可以确认自己假设的问题，而不是那些可能会驳斥他们假设的问题。这种行为表明，人们在思考和判断时更愿意寻找证据来支持自己的信念，而非挑战它们。

证实偏见的存在与人类大脑的信息处理方式密切相关。面对大量的信息，人们更倾向于关注和处理那些符合他们已有观念的信息，这样可以减少认知负荷，使信息处理变得更加轻松。然而，这种偏见也可能导致错误的判断和决策，尤其是在需要全面考虑不同观点的情况下。

证实偏见的表现形式

1. 选择性注意：证实偏见最显著的表现之一是选择性注意，即人们倾向于关注那些符合自己预期的信息。例如，一个相信某种健康食品有益的人，可能会更多地注意到关于这种食品好处的报道，而忽视那些揭示其风险的研究。

2. 解释偏差：人们往往会以一种偏向已有观点的方式来解释模糊的信息。例如，在讨论政治问题时，支持不同政党的两个人可能会对同一新闻作出完全不同的解读，因为他们会从自己的立场出发，选择性地理解信息。

3. 记忆偏差：证实偏见还会影响记忆，人们更容易记住那些与自己已有信念一致的信息，而对那些相悖的信息则记忆模糊。例如，在对某次争论的回忆中，人们可能只记得对自己有利的论点，而忽视对方的有力反驳。

证实偏见的实际应用

1. 社交媒体与信息泡沫：在社交媒体上，证实偏见尤为显著。平台算法倾向于向用户推送他们感兴趣的内容，这进一步加强了用户的已有信念，形成所谓的信息"泡沫"。这使得人们只接触到符合自己观念的信息，难以看到其他观点，导致社会的两极分化加剧。

2. 医学诊断中的偏见：在医学领域，证实偏见可能影响医生的诊断。如果医生对某个症状有了初步的假设，他们可能会倾向于寻找支持这一假设的证据，而忽视可能表明其他疾病的症状。这种偏见可能导致误诊和错误的治疗方案。

3. 职场中的影响：在职场中，证实偏见也会影响领导和员工之间的互动。如果领导对某位员工有正面或负面的初步印象，他们可能会在后续的工作表现中选择性地看到符合这一印象的行为,而忽视其他表现。这种偏见可能导致偏见性评价,从而影响员工的发展机会。

如何有效应对证实偏见

1. **主动寻找反驳证据**:为了减少证实偏见的影响,个体在形成观点时应有意识地寻找与自己信念相悖的证据,尝试从多个角度看待问题。例如,在得出某个结论之前,可以先思考有哪些证据可能会反驳这个结论。

2. **批判性思维训练**:批判性思维是应对证实偏见的有效工具。通过对自己的信念进行质疑和反思,人们可以更好地识别思维中的偏见,从而得出更加公正和全面的结论。

3. **接触不同观点**:为了减少证实偏见的影响,个体应主动接触与自己观点不同的信息和人群,了解不同的立场和看法。这有助于拓宽认知视野,减少思维上的局限性。

心理学视角下的证实偏见

证实偏见从心理学角度揭示了人类信息处理的局限性,即我们并不是客观地接受所有信息,而是通过已有的信念和观点对信息进行过滤。理解证实偏见的存在,有助于我们在面对复杂问题时更加谨慎和理性,尤其是在做出重要决策时,避免因偏见而得出错误结论。

证实偏见对社会与个人成长的影响

证实偏见不仅影响个体的认知过程,还对整个社会的交流与互动产生深远影响。由于每个人都倾向于寻找符合自己观点的信息,社会讨论往往会陷入对立和僵局。因此，培养开放的态度，鼓励人们接触不同的观点，对于推动社会进步和促进多样性至关重要。

通过对证实偏见的认识，我们可以在生活中更加理性地看待问题，主动寻求多样化的信息来源，减少偏见对判断的影响。这不仅有助于个人的成长和进步，也能帮助我们在社会中更加有效地沟通和合作。

POINT
49
选择性注意：
我们如何在信息洪流中做出取舍

选择性注意（Selective Attention）是一种认知过程，个体通过它从环境中众多的感官刺激中选择性地集中注意力于某一特定的信息来源。选择性注意帮助我们在信息超载的世界中有条理地处理信息，保证能够有效完成任务。这个概念最早由心理学家唐纳德·布罗德本特（Donald Broadbent）在1958年提出，并通过多个实验加以验证。他认为，选择性注意是一种"过滤器"，它会将不相关的信息屏蔽掉，让大脑集中于相关的刺激。

选择性注意的提出与背景

选择性注意理论的提出基于对人类感官和认知过程的研究。在面对复杂的环境时，我们的感官会接收到大量的信息，但大脑并不能全部处理。因此，选择性注意起到了过滤器的作用，帮助我们筛选出重要的信息，以便有效地利用资源。布罗德本特提出了著名的"过滤器模型"（Filter Model），认为注意是信息处理的初步阶段，在这个过程中，某些信息被"过滤"掉，而另一些则被进一步处理。这种过滤机制让我们能够在嘈杂环境中集中注意力于特定的声音或视觉信息。

选择性注意的表现形式

1. 鸡尾酒会效应：选择性注意的一个著名例子是"鸡尾酒会效应"（Cocktail Party Effect），即在人群嘈杂的环境中，我们仍能集中注意力于与我们交谈的某个人的声音，而将其他杂音排除在外。这种效应表明，选择性注意是一种主动的、动态的信息过滤过程。

2. 任务优先级的变化：选择性注意的另一个表现是我们对任务的优先级进行动态调整。例如，在驾驶过程中，司机可能会在交通信号灯和周围车辆之间来回切换注意力，以确保驾驶的安全。

3. 分心的影响：在面对竞争性的刺激时，选择性注意可能受到干扰。例如，在写作或学习时，突然响起的电话铃声或电子邮件通知可能会吸引我们的注意力，使得原本专注的任务被打断。

选择性注意的实际应用

1. 教育环境：在课堂教学中，选择性注意的原理被广泛应用。教师可以通过特定的教学手段，如提问、提高声调或使用视觉辅助工具，吸引学生的注意力，帮助他们在复杂的学习内容中将注意力集中于最为重要的部分。

2. 广告与营销：广告商也利用选择性注意原理来设计广告，使其能够在纷繁的信息环境中脱颖而出。例如，广告中的高对比度颜色、重复的品牌名或者令人印象深刻的音乐，都是为了吸引观众的选择性注意，使其在众多的广告中记住特定的产品。

3. 安全与管理：在需要高度集中注意力的工作场合，如航空、医疗等行业，选择性注意的管理至关重要。例如，飞行员在驾驶飞机时，需要有效地管理注意力资源，以确保对重要信息（如仪器数据和塔台指令）的及时响应，而不会被其他次要的刺激分散。

如何有效管理选择性注意

1. **减少环境干扰**：为了增强选择性注意，可以尽量减少环境中的干扰因素。例如，在工作或学习时，关闭不必要的电子设备通知，选择安静的工作环境，可以帮助个体更好地集中注意力。

2. **设立明确的任务目标**：设立明确的目标能够有效提高选择性注意的效率。通过为每个任务设定具体的目标，个体可以更加有针对性地分配注意力，减少无关信息的干扰。

3. **训练注意力管理**：通过冥想或正念练习，可以训练自己的注意力管理能力，增强选择性注意。例如，正念练习通过专注于呼吸或身体的感觉，帮助个体在面对各种刺激时，保持对重要目标的集中。

心理学视角下的选择性注意

选择性注意揭示了人类认知系统在应对复杂环境时的一种主动调节机制。它不仅是过滤无关信息的工具，还反映了我们对不同任务和目标的优先级设置。选择性注意的研究在认知心理学中占有重要地位，帮助我们理解人类如何在信息超载的环境中保持高效的行为和决策。

选择性注意对社会与个人成长的影响

选择性注意不仅影响我们的学习和工作效率，还在个人的成长和社会互动中发挥着重要作用。在现代信息社会中，选择性注意让我们能够从大量的

49 选择性注意：我们如何在信息洪流中做出取舍

信息中获取有价值的内容，帮助我们作出更加理性的判断。然而，选择性注意也可能使我们忽略其他重要的信息，导致认知的片面性。因此，学会有效地管理选择性注意，确保在专注于某个目标的同时，不忽略周围的变化，是实现个人成长和成功的重要能力。

通过对选择性注意的理解，我们可以更好地管理自己的认知资源，增强对复杂信息的处理能力。无论是在学术研究、职场竞争，还是日常生活中，选择性注意都是一种不可或缺的心理能力，它帮助我们在纷繁复杂的世界中找到属于自己的方向和目标。

POINT 50
心理防御机制：
自我保护的无意识策略

　　心理防御机制（Psychological Defense Mechanism）是指个体在面对内心冲突、焦虑或不愉快的情绪时，为了保护自我而无意识地采取的一系列心理策略。这些机制帮助人们减轻心理压力，维持心理平衡，使人能够在面对痛苦和威胁时不至于崩溃。防御机制的概念最早由弗洛伊德（Sigmund Freud）提出，后来他的女儿安娜·弗洛伊德（Anna Freud）对这一理论进行了进一步的系统化和拓展。

心理防御机制的提出与背景

　　心理防御机制的概念是由精神分析学派的创始人弗洛伊德在 20 世纪初提出的，他认为人类的行为常常受到无意识因素的驱动，而防御机制就是一种重要的无意识过程，用于应对内外部冲突。弗洛伊德的研究表明，当个体面对无法解决的心理压力或冲突时，防御机制会自动启动，以避免痛苦情绪的产生。这些机制通常在个体毫无意识的情况下发生，并成为日常生活中应对压力和困难的重要方式。

　　安娜·弗洛伊德在她的著作《自我与防御机制》中详细描述了多种防御机制，并指出这些机制是自我用来应对本能冲动与社会道德规范之间冲突的工具。她认为，尽管防御机制能够帮助个体暂时缓解痛苦，但长期依赖防御机制可能会对心理健康产生不利影响。

常见的心理防御机制

1. 压抑（Repression）：压抑是指将那些令人痛苦的记忆、想法和情感排除在意识之外，以避免直接面对痛苦的现实。例如，一个遭遇过童年创伤的人，可能会压抑那些不愉快的记忆，使得这些记忆难以进入意识。

2. 投射（Projection）：投射是指个体将自己的负面情绪或无法接受的想法归因于他人。例如，一个对自己感到不满的人，可能会认为其他人对自己抱有敌意，从而将自己的内心感受投射到外部世界。

3. 合理化（Rationalization）：合理化是指个体为自己的行为寻找合理的解释，以掩饰真实的动机或情感。例如，一个学生考试不及格后，可能会声称自己并不关心考试成绩，借此减轻失败带来的心理压力。

4. 否认（Denial）：否认是指个体拒绝接受现实，以避免承认事实的痛苦。例如，一个被诊断为患有重病的人，可能会否认医生的诊断结果，不愿面对疾病的严峻性。

5. 反向作用（Reaction Formation）：反向作用是指个体将内心无法接受的冲动转化为其反面。例如，一个对某人怀有强烈敌意的人，可能会对那个人表现出极度的友好，以掩盖真实的情感。

6. 转移（Displacement）：转移是指将原本指向某一对象的情绪或冲动转移到另一个较为安全的对象上。例如，一个在工作中受到上司批评的人，可能会将怒火发泄到家人或宠物身上。

心理防御机制的实际应用

1. 心理咨询与治疗：在心理咨询与治疗中，了解个体的防御机制是心理治疗师评估患者心理状态的重要部分。治疗师通过识别患者所使用的防御机制，帮助他们认识到这些机制的存在及其对生活的影响，从而更好地处理内心的冲突和痛苦。

2. 职场中的压力管理：在职场中，防御机制也常用于应对工作压力。例如，面对职业瓶颈或失败时，员工可能会通过合理化来解释自己没有得到晋升的原因，以减轻内心的挫败感。

3. 人际关系的调节：防御机制在日常人际关系中也十分常见。例如，伴侣之间可能会使用投射机制，将自己的不安全感或负面情绪投射到对方身上，从而引发冲突。因此，理解这些机制的存在有助于更理性地处理人际关系中的矛盾。

如何有效应对和管理心理防御机制

1. 提高自我意识：通过自我反思和正念练习，个体可以逐渐认识到自己在使用哪些防御机制。这种对防御机制的意识化，有助于减少其对生活的负面影响，并学会更直接地面对自己的情感和冲突。

2. 寻求专业帮助：当防御机制的过度使用影响到生活和人际关系时，寻求专业心理咨询或治疗是一种有效的方式。治疗师能够帮助个体识别防御机制，并教会他们更具适应性的应对策略。

3. 接受情感和现实：学会接受和面对自己的情感和现实，是减少依赖防御机制的重要步骤。个体可以通过逐步面对内心的恐惧和不安，增强自我接纳，减少对无意识防御的依赖。

心理学视角下的防御机制

防御机制是自我用来维持心理稳定和保护自我的一种无意识策略。虽然这些机制可以在短期内帮助个体应对压力和冲突，但过度依赖防御机制可能导致个体无法真正解决问题，从而影响心理健康。因此，理解防御机制的运作方式，有助于我们更好地认识自我，学会更加有效和健康地应对压力和挑战。

防御机制对社会与个人成长的影响

防御机制不仅影响个体的心理状态，还对社会互动和人际关系产生重要影响。例如，投射机制在群体之间的冲突中体现尤为显著，不同群体之间常常会将内部的焦虑和矛盾投射到对方身上，从而加剧群体之间的对立。因此，提高对防御机制的认识，不仅有助于个人成长和心理健康，也有助于社会关系的改善和冲突的减少。

通过对心理防御机制的理解，我们可以更加意识到自己的行为背后可能隐藏的无意识动机，并学会采取更加健康的方式来应对内心的冲突和生活中的挑战。这种对自我的深入理解，有助于个人实现更大的心理成长和生活幸福感。

POINT
51

集体无意识：
跨越文化的人类心理原型

集体无意识（Collective Unconscious）是由瑞士心理学家卡尔·荣格（Carl Jung）提出的一个重要概念，指的是人类共同拥有的、深藏于无意识中的心理内容，这些内容超越了个体的个人经历，包含了一种普遍的人类经验。集体无意识的存在使得人类社会中的许多原型（archetypes）和象征在不同文化中普遍存在，如英雄、母亲、阴影等。荣格认为，这些原型反映了人类心灵的普遍结构，是每个人心灵深处的一部分。

集体无意识的提出与背景

集体无意识的概念由荣格在 20 世纪初提出，作为对弗洛伊德的个人无意识理论的扩展。荣格认为，弗洛伊德所描述的无意识主要与个体的个人经历有关，包含了被压抑的欲望和冲突。然而，荣格观察到一些普遍存在于人类文化中的符号和神话，这些符号在没有联系的不同文化中都有类似的表现。荣格由此推断，人类心理中存在一种超越个体的、共同的无意识领域——集体无意识。

荣格的研究广泛涉及神话学、宗教、艺术等领域，他通过对不同文化中的神话和梦境的研究，发现了许多相似的模式和象征。这些相似的模式被他称为"原型",它们是集体无意识的重要组成部分。集体无意识的提出,帮助解释了为何世界各地的文化中会出现相似的神话、宗教符号和心理体验,这些现象反映了人类心灵深处的共性。

集体无意识的特征与原型

1. 跨文化的共性:集体无意识的一个显著特征是其跨越文化的普遍性。例如,在世界各地的神话中,都会出现英雄征服怪物的故事,或者在危难中出现拯救者的情节。这些相似的情节和人物形象是集体无意识中原型的体现。

2. 原型的表现:原型是集体无意识的重要内容,代表了某种普遍的心理模式。例如,母亲原型象征着关怀、养育和保护,而英雄原型象征着勇气和自我超越。荣格认为,原型在梦境、神话和艺术创作中以象征的形式表现出来,影响着人类的行为和信仰。

3. 无意识的深层结构:集体无意识不同于个人无意识,它不是由个体的经验积累形成的,而是每个人与生俱来的心灵深层结构。这种无意识包含了人类进化过程中的心理遗产,使不同个体在面对类似情境时,会产生相似的心理反应。

集体无意识的实际应用

1. 心理治疗:在心理治疗中,荣格派的分析师会关注患者梦境中出现的原型符号,以帮助患者理解内心深处的冲突和需求。例如,一个患者可能在梦中反复看到某种象征母亲的形象,分析师可以帮助他理解与母亲原型相关的情感,从而解决现实中的情感困扰。

2. 文化与艺术创作:集体无意识对艺术创作和文化研究有着深远的影

响。许多艺术家和作家在创作中无意识地表达出集体无意识中的原型，如英雄的冒险、神秘的旅程等。这些作品之所以能够引起广泛共鸣，是因为它们触及了人类共同的心理原型。

3. **宗教与灵性体验**：集体无意识还与宗教和灵性体验密切相关。荣格认为，宗教中的许多象征和仪式都反映了集体无意识中的原型，它们帮助人类面对生命中未知和不可控制的力量。例如，宗教中的"救世主"形象往往与集体无意识中的英雄原型相一致，能够激发信徒的信念和勇气。

如何理解和运用集体无意识

1. **关注梦境与象征**：荣格认为，梦境是集体无意识的重要表达方式。因此，关注和记录自己的梦境，分析梦中的象征，可以帮助个体更好地理解内心深处的需求和冲突。通过分析梦境中的原型形象，可以获得关于个人成长和心理整合的重要启示。

2. **艺术创作中的表达**：在艺术创作中，集体无意识的原型往往是灵感的重要来源。艺术家可以通过自由联想和象征性表达，将集体无意识中的原型呈现出来，这不仅能够丰富创作的内涵，也能够引起观众的情感共鸣。

3. **探索个人与人类整体的连接**：集体无意识揭示了个人与人类整体之间的深层连接，理解这一点可以帮助个体超越自我，将个人的生命体验融入更广阔的人类经验中。这种认知能够增强人们的归属感和生命的意义感，特别是在面临孤独和不确定性时，集体无意识的理解可以提供内在的力量支持。

心理学视角下的集体无意识

集体无意识是荣格心理学中的核心概念之一，它揭示了个体心理与人类整体心理之间的深层联系。荣格认为，集体无意识中的原型对个体的行为、情感和认知有着重要的影响，这些原型在不同文化中以相似的形式表现出来，构成人类共同的心理遗产。理解集体无意识不仅有助于个体的心理成长，还能帮助人们更好地理解文化的多样性和共性。

集体无意识对社会与个人成长的影响

集体无意识不仅影响个人的心理过程，还对整个社会文化产生深远的影响。许多文化习俗、宗教信仰和社会行为背后都有集体无意识的影子，这些原型和象征帮助人们在面对复杂和不可控的世界时获得心理上的支持和安慰。理解集体无意识及其原型，能够帮助我们在面对文化冲突时更加包容，理解不同文化之间的共性，增强人类的凝聚力和认同感。

通过对集体无意识的理解，我们可以更好地认识自己与世界之间的联系，理解那些深藏于内心的原型如何影响我们的思想和行为。集体无意识帮助我们在个体和集体之间找到一种平衡，使我们的生命体验超越个体层面，融入更为广阔的人类体验之中。

POINT
52

角色冲突：
应对多重身份的张力

角色冲突（Role Conflict）是指个体在担任多个社会角色的过程中，由于不同角色之间的需求、期望和责任发生冲突而导致的压力和困惑。每个人在社会中扮演着多个角色，如员工、父母、配偶、朋友等，而这些角色往往会有不同甚至相互矛盾的要求，导致个体在满足这些要求时感到心理压力和情绪困扰。

角色冲突的提出与背景

角色冲突的概念来源于社会心理学中的角色理论，这一理论指出，社会对每个角色都有特定的行为期望，当个体同时扮演多个角色且对这些角色的期望相互冲突时，便会产生角色冲突。20世纪中期，社会学家罗伯特·莫顿（Robert Merton）对社会角色进行了深入研究，并指出，角色是社会系统的重要组成部分。但在现代社会中，个体往往有多个身份，而这些身份之间的矛盾是角色冲突产生的根源。

例如，一个母亲可能同时是职场上的管理者，当她的工作需要加班而孩子又需要陪伴时，这种双重身份的矛盾会产生角色冲突。角色冲突的研究在社会心理学和管理学中都有重要的意义，帮助人们理解个体在应对多重社会角色时所面临的心理挑战。

角色冲突的表现形式

1. **时间冲突**：时间冲突是指个体在履行不同角色责任时由于时间上的冲突而产生的压力。例如，一个人需要同时兼顾工作会议和家庭活动，这种无法同时满足两个角色需求的情况会导致时间上的角色冲突。

2. **角色期望的冲突**：不同角色的期望可能相互矛盾，例如，在职场中需要表现出强硬态度和决策力，而在家庭中则需要表现出关怀和柔和。这种角色期望的差异会使得个体在应对不同情境时感到困惑和不适。

3. **行为不一致性**：有时个体在担任一个角色时的行为可能与另一个角色的要求不一致，这种行为的不一致也会导致角色冲突。例如，一个教师在学校要求学生遵守纪律，但在家庭中可能会对自己孩子的行为缺乏严格的要求，这种行为的不一致会引发内心的矛盾。

角色冲突的实际应用

1. **职场中的管理**：在职场中，角色冲突是导致员工工作压力和职业倦怠的常见原因之一。管理者可以通过角色明确化和时间管理等方式帮助员工减少角色冲突。例如，通过提供灵活的工作时间安排，管理者可以帮助员工更好地平衡工作与家庭责任。

2. **家庭与工作平衡**：在家庭生活中，角色冲突常见于工作和家庭责任之间的矛盾。夫妻之间可以通过分工合作和合理分配家庭责任来减少角色冲突。例如，夫妻双方可以约定在某些时间由一方承担更多的家庭任务，以便另一方专心处理工作事务。

3. 心理咨询中的角色调整：在心理咨询中，咨询师常常帮助个体识别其生活中的角色冲突，并探索如何调整角色期望和减少冲突。例如，个体可以通过与家人或同事沟通，明确各方的期望和需求，从而找到解决冲突的平衡点。

如何有效应对角色冲突

1. 角色优先级设定：当个体面临多个角色冲突时，设定角色的优先级可以帮助减少压力。例如，在面临工作和家庭的冲突时，个体可以根据当下情况决定哪个角色更为重要，优先满足最紧迫的需求。

2. 学会说"不"：减少角色冲突的一个重要方法是学会说"不"，尤其是在角色冲突难以解决时。个体应学会在适当的时候拒绝某些要求，以避免因过度承担而产生的压力。

3. 提高时间管理技能：时间管理在应对角色冲突中至关重要。通过合理规划时间，个体可以更好地安排不同角色的任务，减少因为时间安排不当而产生的冲突。例如，制定每日或每周的时间表，以确保每个角色的需求都能得到合理的分配和满足。

心理学视角下的角色冲突

角色冲突从心理学和社会学的角度揭示了个体在社会生活中的多面性和复杂性。人类社会赋予个体多重身份，而这些身份之间的期望往往相互冲突，这种冲突会对个体的心理健康产生重要影响。理解角色冲突可以帮助我们在生活中找到更好的平衡，避免因为长期的角色冲突而导致的压力、焦虑和倦怠。

角色冲突对社会与个人成长的影响

角色冲突不仅影响个体的心理健康，还对整个社会结构产生影响。例如，职场中的角色冲突可能导致员工的工作效率降低、对职业的满意度下降，甚至可能引发离职。而在家庭中，角色冲突则可能影响家庭关系的和谐，导致夫妻或亲子之间的矛盾。因此，学会识别和管理角色冲突，对于个人的心理成长和社会的整体运作都具有重要意义。

通过对角色冲突的理解，我们可以在生活中更加理性地看待自己所承担的多重角色，学会如何平衡这些角色的需求，以实现更加和谐和健康的生活。角色冲突不可避免，但通过有效的管理和调整，我们可以在多重身份中找到属于自己的平衡点，从而进一步促进个人成长，提高生活满意度。

POINT 53
成就动机理论：
激励个体追求卓越

成就动机理论（Achievement Motivation Theory）由美国心理学家大卫·麦克利兰（David McClelland）提出，用以解释人们在面对挑战和追求卓越时的内在驱动力。成就动机指个体在面对任务时，为了达到一定的标准或目标而努力追求成功的心理动力。这一理论在解释职业发展、学习动机以及成就行为中具有重要意义。

成就动机理论的提出与背景

大卫·麦克利兰认为，成就动机是个体在成长过程中受到的社会文化、家庭教育和个人经历影响而形成的。麦克利兰通过大量的研究发现，人们在面对不同任务时，其动机水平和行为表现差异很大，这种差异的背后是个体追求成就的不同动机水平。

成就动机与其他心理需求相联系，如权力动机和亲和动机，但成就动机的独特性在于它主要关注个体自身能力的提升和目标的实现。成就动机水平较高的个体，通常更愿意接受具有挑战性的任务，并通过实现目标来获得自我满足感和社会认可。

成就动机的特征

1. 目标导向性：成就动机的一个重要特征是目标导向性。成就动机强的个体通常会设立明确且具有挑战性的目标，并为之努力。例如，一名学生可能会设定一个学习目标，如在期末考试中名列前茅，进而制订学习计划并付诸实践。

2. 对成功的渴望：成就动机水平较高的个体通常对成功充满渴望，他们会努力克服困难，追求卓越的表现。这种对成功的渴望驱动他们不断尝试新的方法，以提升自身的能力。

3. 适度风险的选择：成就动机强的个体倾向于选择难度适中的任务，而非太容易或太困难的任务。选择适度的风险意味着他们既有信心能够完成，又能从中体验到挑战的乐趣和成就感。

成就动机理论的实际应用

1. 教育中：成就动机理论在教育领域有着广泛应用，教师可以通过设立适当的学习目标和提供激励措施来激发学生的成就动机。例如，通过提供积极的反馈和奖励，教师可以激励学生追求更高的学业成绩。

2. 职场中：在职场中，成就动机对员工的绩效表现和职业发展有着重要影响。企业可以通过设立激励机制，如绩效考核和晋升机会等，来激发员工的成就动机，使其在工作中更加积极主动。例如，设立具有挑战性的项目，并给予成功者表扬和奖励，可以有效提升员工的工作动机和绩效。

3. 个人成长中：在个人成长方面，培养成就动机可以帮助个体设立目标，并通过实现这些目标来增强自信心和自我效能感。例如，通过设立学习或健康目标，如"每天跑步 30 分钟"等，个体可以通过不断实现这些目标，体验到自我实现的满足感。

如何有效激发成就动机

1. **设立清晰且具有挑战性的目标**：成就动机的一个重要来源是目标的设立。目标应当既有挑战性又具可行性，这样既能激发个体的斗志，又能通过实现目标来获得成就感。

2. **提供积极的反馈和奖励**：适当的奖励和反馈有助于增强成就动机。无论是在学校、职场还是家庭中，给予个体积极的反馈和认可，可以激励他们追求更高的成就。

3. **创造支持性的环境**：支持性的环境对于激发成就动机也至关重要。在一个鼓励挑战和创新的环境中，个体更有可能设立并实现高标准的目标。例如，在职场中，领导者可以通过鼓励员工尝试新想法、接受新任务营造一种积极的文化氛围。

心理学视角下的成就动机

成就动机反映了个体对成功和卓越的追求，是自我实现的重要组成部分。成就动机的高低直接影响个体的行为选择和努力程度。高成就动机的人往往更愿意接受挑战并克服困难，而低成就动机的人则可能更容易满足于现状，缺乏进取精神。因此，通过培养成就动机，我们可以促进个体的成长和潜力的发挥，激励他们在生活中不断超越自我。

成就动机对社会与个人成长的影响

成就动机不仅对个人的发展有重要意义，还对整个社会的进步和创新有着深远影响。在企业中，拥有高成就动机的员工通常表现出更强的创新精神和团队领导能力，为企业带来更多的效益和发展。在社会层面，成就动机的培养有助于塑造一种追求卓越的文化，推动社会在各个领域实现更高的成就。

通过对成就动机理论的理解和应用，我们可以在教育、职场和个人生活中找到激发自身及他人潜力的方法，激励人们设立目标，追求卓越，实现人生的价值。

POINT 54
自我障碍：
避免失败的自我保护策略

自我障碍（Self-Handicapping）是指个体在可能面临失败或负面评价的情况下，采取一系列行为来设置潜在的失败借口，从而保护自我形象。这种行为表现为个体故意减少努力、拖延，甚至在任务前采取可能导致失败的行为，以便在结果不理想时将失败归因于外部因素，而不是自身能力不足。

自我障碍的提出与背景

自我障碍的概念由心理学家斯蒂芬·伯格拉斯（Steven Berglas）和爱德华·琼斯（Edward E. Jones）于20世纪70年代提出。他们的研究表明，人们在面对挑战时，往往为了避免在失败后自尊受到伤害而采取阻碍成功的行为。通过设置外部障碍，个体可以在失败时将原因归结为这些障碍，而不是将失败看作自身能力的缺失。

自我障碍的表现形式

1. 拖延：个体可能故意拖延重要任务，导致自己在时间紧迫的情况下进

54 自我障碍：避免失败的自我保护策略

行，从而为可能的失败提供借口。例如，一名学生在考试前故意拖延复习进度，以便在成绩不佳时解释为时间不足而非能力欠缺。

2. 减少努力：自我障碍者可能在关键任务中减少努力，以便在失败时可以解释为缺乏努力而不是能力不足。这种行为通常出现在需要展现自身能力的情境中，例如重要的竞赛或考试等。

3. 故意增加干扰因素：一些个体可能会通过故意喝酒、熬夜等方式为任务设置干扰因素，从而使得在任务失败时有一个合理的外部归因，而不至于影响到自尊。

自我障碍的实际应用与影响

1. 学业表现：在学业中，学生有时会故意减少学习时间或选择不复习，以便在考试成绩不理想时将原因归因于"没花时间"而不是"学不会"。这种行为虽然能短期内保护自尊，但长期来看会影响学业表现和学习动机。

2. 职场表现：在职场中，员工可能会故意不准备重要的会议或推迟项目进展，以便在出现问题时有可以归因的外部借口。这种行为在一定程度上保护了个体的自尊，但会对职业发展和同事之间的信任造成负面影响。

3. 社交关系：自我障碍也可能影响社交关系。例如，有人可能在社交场合中表现得刻意疏远，以便在未能融入群体时将原因归因于"我没有努力融入"而不是"他们不喜欢我"。这种行为虽然保护了自我形象，但也阻碍了真实的人际交往。

如何减少自我障碍行为

1. 提高自我意识：认识到自己在何时采取了自我障碍行为是第一步。通过自我反思，个体可以意识到自己可能在通过这种方式逃避失败，并逐步改变这种行为。

  2. **设定实际的期望**：适度调整对自己的期望，有助于减少对失败的过度恐惧。例如，在面对挑战时，认识到失败是学习和成长的一部分，可以帮助个体更坦然地接受失败，而不必通过自我障碍来避免它。

  3. **建立健康的归因方式**：学习将失败归因于可以改变的因素，而不是将其看作对自我价值的否定。通过这种方式，个体可以减少对自我障碍行为的依赖，增强自信心并保持积极的行为模式。

心理学视角下的自我障碍

  自我障碍是一种保护自尊的防御机制，但长期来看，往往弊大于利。它阻碍了个体对自身真实能力的评价，使得个人在面对挑战时失去真正发展的机会。理解自我障碍的形成原因及其对行为的影响，可以帮助我们更好地应对失败与挫折，培养更健康的心理反应模式。

自我障碍对社会与个人成长的影响

  自我障碍不仅影响个人的成长和发展，还可能在社会关系中产生负面效应。通过理解和减少自我障碍行为，个体可以更加坦诚地面对自己的能力和不足，获得更真实的反馈和成长机会。这种改变不仅有助于增强自尊，也能为职业发展和人际关系带来更积极的影响。

POINT 55
希望理论：心理健康与目标追求的动力

希望理论（Hope Theory）由心理学家查尔斯·施奈德（Charles Snyder）提出，认为希望是一种涉及目标追求的积极心理状态，由明确的目标、实现目标的路径和保持动力的毅力三部分组成。希望不仅是一种情感状态，更是个人心理健康和成功的关键因素。

希望理论的提出与背景

查尔斯·施奈德基于他的对个体如何设定目标、规划实现路径和保持动力的研究在20世纪90年代提出希望理论。他认为，希望是一种认知过程，是个体对自身能力和实现目标路径的正面评价。希望感不仅与情感和动机紧密相关，更与个体的自我效能感和生活满意度息息相通。

希望理论的提出源自施奈德对心理健康的深入研究。他发现，许多人在面对困境时，决定结果的关键因素并不在于外在环境的有利与否，而在于个体内心对未来的信念和行动策略。通过希望的视角来看，个人面对挑战时并非被动接受，而是积极寻求实现目标的路径，展示出对未来的乐观预期和坚定信念。

施奈德将希望定义为一种认知导向的动机模式，包含三个核心要素：目标、路径和毅力。他通过大量的实验证明，高希望水平的人在生活中表现出更强的韧性和应对能力，且能够更好地从挫折中恢复。希望理论也因此成为积极心理学中的一项重要研究内容，为心理健康、教育和职业发展等领域提供了宝贵的视角。

希望理论的组成部分

1. 目标（Goals）：希望的核心是目标设定，明确的目标为个体提供了方向和目的感。施奈德认为，目标的设立是希望的起点，一个人若没有明确的目标，就无法产生真正的希望。目标的种类可以从短期的具体目标到长期的宏大目标不等，但无论是哪种类型，都应清晰且具有个人意义。只有这样，个体才会对实现目标充满渴望和动力。

2. 路径（Pathways）：希望理论的第二个重要组成部分是实现目标的路径规划。路径指的是个体为实现目标所制定的具体步骤和策略。施奈德强调，路径不仅是单一的解决方案，还应包含灵活应对的替代策略。当一个路径受到阻碍时，高希望水平的人会寻找其他替代路径，以确保自己能够继续前进。例如，学生在备考时遇到学习瓶颈，他们可能会通过寻求老师的帮助或改变学习方法来找到新的前进道路。

3. 毅力（Agency）：实现目标的毅力是希望的第三个组成部分，体现了个体在面对困难和障碍时的意志力和行动能力。高希望感的人相信自己可以通过努力实现目标，具有强烈的自我效能感。因此，即使在遇到挫折和困难时，他们也会保持积极的态度，继续采取行动，直到实现目标。这种自我驱动力在面对困境和不确定性时尤为重要，是希望理论的核心要素之一。

希望理论的实际应用

1. 教育中：在教育领域，希望理论被用于帮助学生设定学习目标、规划实现目标的路径以及保持对学习的动力。研究发现，高希望感的学生通常表现出更好的学业成绩和更高的学习投入度。通过帮助学生设立明确的学习目标，教师可以增强学生的希望感，例如设定短期的考试目标和长期的学业成就目标，并帮助学生设计实现这些目标的具体步骤。希望理论还强调了学生在面对学业困难时应具备灵活的策略，这有助于他们有效应对学习中的挑战。

2. 心理治疗中：希望理论在心理治疗中也有重要应用，特别是在处理抑郁和焦虑时。抑郁患者往往感到自己对未来无望，失去行动的动力，而施奈德的希望理论则强调通过目标设定、路径规划和增强毅力来恢复对生活的信心。治疗师可以帮助患者设定现实且有意义的生活目标，并提供实现这些目标的具体策略，逐步增强患者的希望感，帮助他们在生活中重新找到动力和意义。

3. 职场中：在工作环境中，管理者可以通过帮助员工设定职业目标，提供实现目标的资源和工具，来激发员工的希望感，从而提高他们的工作满意度和绩效水平。通过设定明确的职业发展路径和提供有针对性的培训，员工能够看到自己的成长方向，并保持对职业发展的希望感。例如，在项目管理中，明确的阶段性目标和达成路径有助于团队保持高昂的士气和工作动机。

如何培养和增强希望感

1. 设立清晰的目标：设立具体而清晰的目标可以帮助个体明确方向，增强对未来的期待感和行为动机。长远目标可以分解为若干短期目标，通过逐步实现这些小目标，个体能够不断体验到成功的感觉，从而增强希望感。施奈德的研究表明，设立目标时应确保其具有挑战性但又能实现，以此激发内在的追求动力。

2. 规划实现目标的路径：找到实现目标的多种方法和策略，特别是在面对困难时能够灵活调整路径，可以增强对目标实现的信心。高希望感的人往往具有较强的问题解决能力，他们能够在遇到障碍时迅速寻找替代路径，并通过不断尝试找到最有效的解决办法。通过制定详细的行动计划并准备应对可能的挑战，个体可以更好地实现目标。

3. 增强毅力和信念：面对挑战时保持积极的态度和坚韧不拔的精神，可以有效提升希望感。施奈德强调，自我效能感是增强毅力的关键，个体可以通过不断克服困难、实现小目标来逐步建立对自己能力的信心。这种逐步积累的成功经验，能帮助个体在面对重大挑战时保持希望和动力。

心理学视角下的希望理论

希望理论在心理学上具有重要意义，它不仅是对个体动机的研究，也是对人类如何在逆境中追求未来的理解。希望感不仅有助于个体克服生活中的各种困难，还能在提升幸福感和心理健康方面发挥重要作用。施奈德的研究表明，希望感高的人通常表现出更强的应对能力，更容易从失败中恢复，并在实现目标的过程中体验到更高的满足感。希望感还与复原力（Resilience）密切相关，它帮助个体在遭遇挫折时保持积极态度，并继续向前迈进。

对社会与个人成长的影响

希望不仅影响个体的成长和心理健康，还在社会层面具有深远的影响。

55 希望理论：心理健康与目标追求的动力

拥有高希望感的个体通常更愿意参与社会活动，积极面对挑战，并为社会贡献自己的力量。希望感的培养对于塑造积极向上的社会文化至关重要，可以推动社会在各个领域实现进步和发展。例如，在团队合作中，具有希望感的团队成员往往更具积极性和创造力，能够更有效地达成团队目标。

通过对希望理论的理解和应用，我们可以在个人生活、教育和工作中找到激励自身和他人的方法，设立目标、保持动力，并在追求卓越的过程中不断实现自我价值和人生目标。希望是推动人们前行的重要心理力量，是帮助我们克服困难、实现梦想的重要支柱。

POINT 56

自我概念清晰性：了解自己的心理要素

自我概念清晰性（Self-Concept Clarity）指个体对自己特征、信仰和态度的清晰、稳定且一致的理解。自我概念清晰性反映了一个人对自己是谁、希望成为什么样的人以及为何存在的明确认知。这种清晰性对于心理健康、情绪稳定以及生活满意度都具有重要作用。

自我概念清晰性的提出与背景

自我概念清晰性最早由心理学家詹妮弗·坎贝尔（Jennifer Campbell）提出，旨在描述个体对自身特征和自我认知的一致性程度。坎贝尔认为，自我概念清晰性是自我概念的一个重要维度，它揭示了个体在多大程度上对自己的各种特征和信仰有一致、明确的认知。

一个自我概念清晰性较高的人，通常能够对自身的优势、价值观和目标保持稳定的认知，较少受到外界环境的干扰。而自我概念清晰性低的人则往往容易在面对挑战或改变时感到迷失，表现出情绪上的不稳定和对自我身份的困惑。因此，理解自我概念清晰性有助于揭示个体在生活中的行为模式和情绪反应。

自我概念清晰性的组成部分

1. **明确的自我认知**：自我概念清晰性较高的人对自己的各种特征、价值观、信仰以及行为动机有着明确的认知。他们能够清晰描述自己是谁，包括自己的优势、劣势、喜好以及生活目标。

2. **自我的一致性**：自我概念清晰性也体现在不同情境中的一致性。无论在工作、家庭还是社交场合，自我概念清晰性高的人通常能够保持稳定的自我认知，不会因为外部的压力或影响而轻易改变对自己的看法。

3. **情感上的稳定**：由于对自我认知的稳定和清晰，自我概念清晰性高的人在面对挑战时情绪更加稳定。他们能够更好地应对生活中的各种变化和压力，因为他们对自己是谁、希望做什么有着清晰的方向感。

自我概念清晰性的实际应用

1. **心理健康**：自我概念清晰性与心理健康有着密切的关系。研究发现，自我概念清晰性高的人更不容易出现焦虑和抑郁，因为他们能够在面临困境时清晰地认识自己的能力和目标，不易受到负面情绪的困扰。相反，自我概念清晰性低的人更容易在面对挑战时感到无助和迷失。

2. **人际关系**：在建立和维持人际关系方面，自我概念清晰性也起着重要作用。高自我概念清晰性的人通常更自信，能够在关系中表达自己的需求和感受。他们在人际互动中表现得更加真实，能够与他人建立更加稳定和健康的关系。

3. **职业发展**：在职业发展中，自我概念清晰性可以帮助个体设定明确的职业目标和行动计划。对自己职业兴趣和价值观的清晰认知，可以让个体在职业选择中更加明确，避免因为外部环境的变化而迷失方向。

如何提高自我概念清晰性

1. 自我反思：通过自我反思来提高自我概念清晰性是非常重要的。个体可以通过写日记、冥想等方式来反思自己在不同情境中的行为、想法和感受。通过这种方式，人们能够逐渐建立对自己更深入的理解。

2. 接受他人反馈：他人对我们的看法和评价也是建立自我概念的一部分。通过与可信任的朋友、家人交流，接受他们对自己的反馈，可以帮助我们更好地了解自己的行为模式和性格特点。这些反馈可以作为我们了解和认同自我的参考。

3. 设定明确的目标：设定明确的生活目标，有助于提高自我概念清晰性。当我们对自己的目标有清晰的认知时，能够更加坚定地朝着这些目标前进，而不会轻易受到外界的干扰和影响。

心理学视角下的自我概念清晰性

自我概念清晰性在心理学中被认为是影响个体情绪稳定性和自我效能感的关键因素。自我概念不清晰的人往往在生活中表现出更大的情绪波动，因为他们对自己没有一个稳定的认识，容易受到外界意见的干扰和影响。而自我概念清晰性高的人则更有韧性，在面对挑战和压力时表现出更强的适应力和应对能力。

自我概念清晰性还与复原力（Resilience）密切相关。复原力强的人通常能够在面临压力或挫折时保持乐观和积极的态度，而这种积极的态度部分源于他们对自己的清晰认知和明确方向。因此，理解和提高自我概念清晰性，对于增强个体在生活中的应对能力和幸福感至关重要。

对社会与个人成长的影响

在社会层面，自我概念清晰性有助于建立一个更具稳定性和积极性的社会环境。高自我概念清晰性的人往往更乐于承担责任，并且在群体中扮演领导角色，因为他们对自己的目标和价值观有着清晰的认识。这种自我认知的清晰性还能够促进他们在团队中的贡献，推动群体实现共同的目标。

通过对自我概念清晰性的理解和培养，个体可以在生活的各个方面找到更加明确的方向和意义。无论是在工作中设定职业目标，还是在人际关系中表达自我，自我概念清晰性都是我们追求卓越和实现自我价值的关键因素。它使得我们在复杂的社会中能够始终保持对自我身份的清晰认知，积极应对各种挑战，朝着理想的人生目标不断前进。

POINT 57

复原力：
面对挑战与困境的心理韧性

复原力（Resilience）是指个体在面对逆境、压力、挫折或重大生活变故时，能够适应和恢复正常生活的能力。这种能力帮助人们在困境中保持乐观、寻找积极的应对策略，并最终克服困难，实现个人成长。复原力是心理健康的重要组成部分，是个人应对生活挑战和实现长期成功的关键因素之一。

复原力的提出与背景

复原力的概念在 20 世纪中后期的心理学研究中得到了广泛关注，尤其是对创伤、灾难和重大生活压力的研究中，心理学家们试图理解为何一些人能够成功应对重大挫折，而另一些人却陷入了抑郁和无助之中。复原力是心理学家诺曼·加林克斯（Norman Garmezy）和埃米·沃纳（Emmy Werner）在研究儿童和青少年在面对困难情境中的适应能力时提出的概念。他们发现，有些在艰难环境中成长的孩子依然能够在学业和生活中取得成功，而这种成功正是由于他们的复原力。

复原力的研究不仅关注个体如何在逆境中生存，更关注如何通过积极应对困难，实现自我提升和心理成长。复原力的研究从个体层面扩展到了家庭、社区和社会，揭示了支持性环境和积极关系在增强个体复原力方面的重要作用。

复原力的特征

1. **积极的应对态度**：复原力强的人通常能够在面对困难时保持积极的态度，他们会将问题视为挑战而非威胁，并以乐观的态度应对。例如，一个失业的人可能将这一经历视为重新审视职业目标的机会，而不是对自己价值的否定。

2. **灵活的应对策略**：复原力体现在个体在面对压力时的灵活应对能力。高复原力的人能够根据情况的变化灵活调整自己的策略和行动，以找到最有效的解决方法。例如，一个学生在面对学业压力时可能会改变学习方法、寻求老师的帮助，从而更好地适应挑战。

3. **对自我的信任**：复原力强的人对自己的能力有足够的信任，他们相信自己能够找到办法解决问题，并愿意为目标付出努力。这种自我效能感是复原力的核心特征之一，使得个体在面对困境时更具有持久的动力。

复原力的实际应用

1. **心理治疗中**：在心理治疗中，增强个体的复原力是治疗的重要目标之一，特别是在创伤后应激障碍（PTSD）或重大生活变故的治疗中。心理治疗师会通过认知行为疗法和正念训练等方式，帮助患者培养复原力，使他们能够更好地应对负面情绪，并从创伤中恢复。

2. **教育中**：在教育领域，培养学生的复原力有助于他们在学业和生活中面对挫折时保持积极的态度。教师可以通过设立具有挑战性但可实现的目标，鼓励学生尝试新事物，并通过提供正面反馈和支持来增强他们的复原力。例如，通过小组合作和解决问题的项目，学生可以学会如何在团队中支持他人，增强集体的复原力。

3. 职场中：在职场中，复原力对于员工应对工作压力和实现职业成功至关重要。管理者可以通过营造一个充满支持性和开放性的工作环境，鼓励员工面对挑战，培养他们的复原力。例如，通过提供员工心理健康支持和职业发展培训，管理者可以帮助员工在面对工作压力和变动时保持心理稳定，持续提升工作表现。

如何提高复原力

1. 建立支持性的人际关系：支持性的人际关系是增强复原力的关键因素。通过与家人、朋友或同事建立稳固而积极的关系，个体可以在面对困难时获得情感支持和实际帮助。这种社会支持不仅可以缓解压力，还能增强个体应对困难的信心和能力。

2. 培养积极的自我对话：自我对话是个体在面对挑战时与自己交流的方式。复原力强的人通常拥有积极的自我对话方式，例如，他们会告诉自己"我能做到""这是一次成长的机会"，而不是消极的自我批评。通过练习积极的自我对话，个体可以增强对自己的信任感，从而更有效地应对压力。

3. 发展问题解决技能：复原力强的人往往具备良好的问题解决能力。他们能够在遇到困难时冷静分析，找到多种可能的解决方法，并在行动中不断调整策略。通过训练和实践，个体可以发展自己的问题解决技能，使自己在面对困境时更加游刃有余。

心理学视角下的复原力

复原力是积极心理学的重要研究对象，强调个体如何在面对不确定性和压力时保持心理健康。与传统的"应激模型"不同，复原力理论关注的不是如何消除压力源，而是如何增强个体在面对压力源时的适应能力。研究表明，复原力不仅是个人特质，还受到环境因素的深刻影响，例如家庭支持、社会关系、社区资源等。

复原力与自我效能感、自尊等心理因素密切相关。一个复原力强的人往往具有较高的自我效能感，他们相信自己能够找到办法克服困境，并在应对挑战的过程中建立起强大的自信心。此外，复原力与弹性思维（Flexible Thinking）也密切相关，高复原力的人能够更灵活地应对变化，避免陷入消极的思维模式。

复原力对社会与个人成长的影响

复原力不仅在个体层面发挥重要作用，在社会和群体层面同样具有深远的影响。一个社会若要应对经济危机、自然灾害等重大挑战，社会成员的复原力至关重要。通过培养公民的复原力，社会可以在面临重大事件时保持团结、减少冲突，并共同渡过难关。

在个人成长方面，复原力是实现长期成功和幸福的重要心理资源。它使得我们在面对挫折和失败时能够不断调整、反思和成长，而不是陷入消极和无助。复原力的培养不仅帮助我们更好地应对生活中的风雨，也为我们建立起实现目标和追求卓越的心理基础。

通过对复原力的理解和培养，我们可以学会如何在生活的起伏中找到坚强的力量，以积极的心态应对困境，实现个人成长和社会贡献。复原力不仅是一种应对困难的能力，更是一种生命的哲学，使得我们在人生道路上越挫越勇，不断前进。

POINT 58
社会排斥的心理影响：孤立与归属的力量

社会排斥（Social Exclusion）指的是个体被群体或社会排除在外的一种经历，可能表现为被孤立、忽视或排斥。社会排斥的体验对个体的心理健康有着深远的影响，它可能导致焦虑、抑郁、自尊心降低，甚至对人际关系的信任度下降。理解社会排斥的心理影响，有助于我们更好地认识归属感的重要性，并采取积极的措施来减少排斥的负面后果。

社会排斥的提出与背景

社会排斥的研究源于对群体关系和人际互动的关注。20世纪末期，心理学家们发现，个体的社会联系对其心理健康起着至关重要的作用，而当个体被排除或孤立时，其心理状态会显著恶化。马斯洛的需求层次理论也指出，归属感是人类的基本需求之一，当这一需求得不到满足时，个体可能会体验到强烈的心理痛苦。

社会排斥的研究往往涉及对儿童、青少年及老年人群体的调查，因为这些群体在发展过程中对社会联系的需求尤为强烈。当他们感到被排斥或孤立时，可能会影响其自尊、心理适应能力，甚至对未来的社会关系形成负面期待。

社会排斥的特征

1. 情绪反应：社会排斥通常引发一系列负面情绪，如孤独、悲伤、愤怒等。被排斥的人往往会感到失落和无助，情绪上的反应常常表现为抑郁、焦虑，甚至愤怒。这种负面情绪反应会对个体的心理健康造成持续的影响，尤其是在没有得到适当情感支持的情况下。

2. 认知偏差：经历社会排斥的人常常会对他人的行为和意图做出消极的解读，例如认为他人对自己的态度是不友好的，或者他人对自己的评价是负面的。这样会进一步加深其与他人的隔阂，使他们在与人交往时更加敏感和防御。

3. 行为反应：社会排斥可能导致个体表现出逃避行为，例如减少社交活动，避免参与群体活动，甚至对社会关系失去兴趣。相反，有些个体可能表现出过度的取悦行为，试图通过迎合他人来重新获得群体的接纳。

社会排斥的实际应用

1. 心理健康干预：在心理健康领域，了解社会排斥的影响有助于制定有效的干预措施。例如，通过提供心理辅导和支持小组，帮助那些经历过社会排斥的人重新建立自信和归属感。心理咨询师可以通过正向心理干预来帮助个体理解排斥的来源，并引导他们重新构建积极的人际关系。

2. 学校与教育中的应用：在学校环境中，教师可以通过创造包容和积极的课堂文化，减少学生间的排斥和欺凌现象。例如，通过团队合作的活动来促进学生之间的互动，帮助那些处于社交边缘的学生融入群体中。这种支持性的环境可以提高学生的归属感，减少因被排斥而导致的负面心理影响。

3. 职场中的应用：在职场中，社会排斥对员工的工作表现和心理健康也有显著的影响。管理者可以通过建立开放、互助的团队文化，减少员工之间的排斥现象。例如，通过定期的团队建设活动和个体关怀，管理者可以确保每位员工都感受到团队的接纳与支持，从而提高整体的团队凝聚力和生产力。

如何应对社会排斥

1. **寻求社会支持**：在面对社会排斥时，寻求家人、朋友或心理咨询师的支持非常重要。通过建立支持性的人际关系，个体可以在排斥带来的负面情绪中找到缓解和安慰。社会支持不仅可以增强个体的心理韧性，还能提供情绪上的依靠。

2. **积极参与社会活动**：尽管社会排斥可能导致个体想要逃避社交活动，但积极参与社会活动却是应对排斥的有效方式之一。通过加入兴趣小组或参与志愿活动，个体可以找到志同道合的朋友，重新建立社会联系，增强归属感。

3. **增强自我接纳**：面对社会排斥，个体容易产生自我怀疑甚至自我贬低的情绪。因此，培养自我接纳和自我同情是非常关键的。通过反思自己的优点和价值，个体可以减少因被排斥而产生的负面自我评价，保持心理健康。

心理学视角下的社会排斥

社会排斥的研究揭示了社会联系对人类心理健康的核心作用。人类是社交动物，归属感是我们心理需求中不可或缺的一部分。马斯洛的需求层次理论将归属感列为基本需求之一，而社会排斥正是这一需求得不到满足时的体现。

社会排斥还与进化心理学中的适应性行为有关。在原始社会中，个体的

58 社会排斥的心理影响：孤立与归属的力量

生存往往依赖于群体的支持，因此被排斥的后果可能是生存的威胁。尽管现代社会中生存已不再依赖群体，但这一进化的痕迹依然存在于我们的心理中，因此个体对社会排斥会产生强烈的情绪反应和行为反应。

社会排斥对社会与个人成长的影响

社会排斥不仅影响个体的心理健康，也会在社会层面产生更广泛的影响。例如，青少年在学校中如果长期受到排斥，不仅会影响其学业表现，还可能导致行为偏差，甚至影响到成年后的社会适应能力。因此，在学校和社会层面上，通过创造一个包容和互助的环境来减少社会排斥，对于整个社会的和谐与进步至关重要。

理解和应对社会排斥有助于个体成长。通过接受排斥的经历，并学会从中找到积极应对的方法，个体可以变得更加坚强和独立。社会排斥虽然是一种痛苦的体验，但通过适当的干预和自我反思，它也可以成为个体成长的重要契机，使人们在未来的社交中更加自信和成熟。

POINT
59

积极偏差：
发现和利用独特的积极行为

积极偏差（Positive Deviance）是指在面临相同环境和条件的情况下，一些人或群体能够通过独特的、非传统的方法获得更好的结果。积极偏差强调那些在逆境中通过创新方法取得卓越成果的个体和群体，揭示出个体在资源有限的情况下通过主动探索而获得的突破性成果。这种现象在解决复杂社会问题和促进健康行为方面具有重要的启示意义。

积极偏差的提出与背景

积极偏差的概念最早由社会学家杰瑞·斯特恩因（Jerry Sternin）及其妻子莫妮克·斯特恩因（Monique Sternin）在20世纪90年代提出，并应用于公共卫生和社会发展领域。杰瑞·斯特恩因受雇于国际非政府组织"救助儿童会"（Save the Children），被派往越南解决严重的儿童营养不良问题。在与当地社区合作的过程中，斯特恩因夫妇发现，尽管多数家庭面临相同的贫困状况，一些家庭的孩子却能够保持良好的营养和健康状态。

通过对这些"积极偏差"家庭的观察和研究，斯特恩因夫妇发现，这些家庭采用了一些独特的喂养和饮食习惯，例如从田间采集螃蟹、虾等廉价但营养丰富的食材，用来补充儿童的饮食。正是这些看似不合常规的小策略，使得这些家庭的孩子营养状况优于其他家庭。基于这一发现，他们提出了积极偏差的方法，即通过寻找和学习那些在相同环境下取得成功的行为，为整个社区提供行之有效的解决方案。

积极偏差的提出标志着解决社会问题的新思路——与其引入外部专家的理论，不如从社区内部寻找已经有效的行为模式，并加以推广。该方法的提出对解决公共卫生、教育和社会发展等领域中的复杂问题产生了深远的影响。它不仅提供了一种发现问题解决路径的实用方法，还强调了个体和社区的自主性和内在力量。

积极偏差的理论基础

积极偏差的理论基础深深植根于社会学习理论、积极心理学以及社会创新的核心概念中。

1. 社会学习理论：积极偏差与班杜拉的社会学习理论（Albert Bandura）紧密相关，强调人们可以通过观察和模仿他人的行为来学习。在积极偏差的背景下，社区成员通过观察那些在相同条件下取得成功的人，可以学会模仿和应用他们的有效策略，从而实现自身的改善。

2. 积极心理学：积极偏差强调个体的内在能力和潜力，这是积极心理学的核心。积极心理学创始人马丁·塞利格曼（Martin Seligman）主张关注人类的积极品质和潜能，而积极偏差则从实践层面证明，即使在最艰难的环境中，个体依然可以找到独特而积极的行为来改善生活状况。

3. 社会创新：积极偏差也是社会创新的一种表现形式。它通过在复杂情境中寻找并推广有效行为，来应对那些传统解决方案无效的问题。社会创新的核心在于通过突破现有资源和条件的限制，实现行为和系统的创新，而积极偏差则通过在内部找到创新方法，提供了一条独特的社会创新途径。

积极偏差的特征

1. 独特的行为策略：积极偏差个体通常采取与常规不同的行为策略，这些策略虽然非常简单但十分有效。例如，在解决营养问题的案例中，一些家庭在食物有限的情况下，利用身边的资源，如捕捉小型的水生动物作为补充，尽管这些资源并不被常规视为重要食物来源，但正是这些行为使他们的孩子获得了良好的营养。

2. 挑战常规思维：积极偏差强调不受传统思维束缚，个体能够找到不被外界广泛认可的解决方案来应对相似挑战。积极偏差个体的行为表明，创新并不仅仅属于资源丰富的人群，任何人都可以通过不同的思维方式来打破常规，找到最有效的方法。

3. 可复制性与推广性：积极偏差中的成功行为模式往往具有较高的可复制性，可以应用于相同环境中的其他个体或群体。重要的是，这些行为策略不需要依赖额外的资源或复杂的技术，因此具有广泛的推广价值和潜力。

积极偏差的实际应用

1. 公共卫生中：积极偏差最经典的应用之一是在公共卫生领域。例如，在一些面临严重营养不良的社区，通过找到那些成功保持儿童健康的家庭，并将他们的策略推广到整个社区，可以有效改善整体健康状况。积极偏差的方法避免了对外部专家和复杂资源的依赖，通过简单有效的方法改善了社会问题。

2. 企业管理中：在企业管理中，积极偏差可以用于发现那些在艰难环境中依然取得突出绩效的团队。通过学习这些团队在面临压力时所采用的独特策略，管理者可以将这些策略应用于其他部门，提升企业的整体绩效和创新能力。

3. 教育中： 积极偏差在教育领域也得到了广泛应用。例如，教师可以找到那些在学习过程中表现显著提高的学生，研究他们的学习策略，并通过课堂上的分享或辅导形式帮助其他学生提升学习效率。

心理学视角下的积极偏差

积极偏差是一种深具启发性的心理学现象，强调个人在面对资源受限或困难情境时的创造性和适应力。它从积极心理学的视角出发，强调人们在逆境中展现的潜力和积极品质。即使在最艰难的环境中，个体依然可以通过自己的努力和创造力，找到改善生活的方式，进而为整个群体提供学习的榜样。

积极偏差还与自我效能感（Self-Efficacy）密切相关。自我效能感指个体对自己在特定情境中取得成功的信念，而积极偏差则是这种信念的具体体现。在面对困难和限制时，积极偏差个体凭借自我效能感，相信自己的行动可以产生积极的改变，最终通过独特的策略实现目标。

POINT 60

角色模糊效应：
角色与任务之间的混淆

角色模糊效应（Role Ambiguity）是指个体在组织或团队中，对自己所扮演的角色及其任务、责任和期望缺乏清晰理解的状态。这种效应会导致个体在工作中的表现受到影响，容易产生压力、焦虑和挫败感，进而影响组织的整体效率。角色模糊效应在组织行为学中得到了广泛研究，是理解工作压力、工作满意度、离职意向等心理变量的重要概念之一。

角色模糊效应的提出与背景

角色模糊效应的概念源自社会角色理论与组织行为学，最早由美国心理学家拉尔夫·卡茨（Ralph Katz）和罗伯特·卡恩（Robert Kahn）于20世纪60年代提出。这一概念用于描述个体在组织中，特别是在复杂的层级关系下，无法明确自己角色的职责范围、目标和期望所带来的心理影响。

社会角色理论认为，每个人在社会中扮演着特定的角色，每个角色都伴随着相应的行为规范、责任和期望。而在实际情境中，角色的边界并不总是明确的。特别是在现代组织中，由于任务复杂化、信息不对称和沟通不畅，个体在承担某个职位时，可能不清楚自己究竟应该做什么、如何做，以及应达到何种标准，这就是角色模糊效应的来源。

在组织行为学中，角色模糊效应被视为影响员工工作表现和心理健康的重要因素。卡茨和卡恩通过对组织结构和角色的研究指出，角色的模糊性会导致个体在面对工作任务时缺乏方向感，增加压力和焦虑感，进而降低工作满意度和整体绩效。他们的研究为管理者在分配任务、定义角色和制定沟通机制时提供了理论基础。

角色模糊效应的特征与表现

1. 责任不明确：角色模糊的一个典型特征是个体对自己在组织中的责任和任务缺乏明确认识。例如，员工不清楚具体的工作范围和目标，或者不明白自己在某个项目中的具体职责，这种不确定性导致他们在工作中不断地猜测上级或同事的期望，增加了心理负担。

2. 任务目标模糊：角色模糊还表现为任务的目标不明确，个体无法清晰知道工作完成的标准是什么，应该达到什么样的结果。这种不确定性会让个体在工作中失去动力，因为他们无法判断自己的工作是否得到了正确的完成。

3. 缺乏有效反馈：由于角色模糊，个体在工作中难以获得明确的反馈。他们往往不确定自己的工作表现是否符合预期，因为上级或同事本身对他们的角色期望也可能不清晰，导致反馈缺乏具体性和方向性。

角色模糊效应的影响

角色模糊效应对个体和组织都有显著的负面影响。首先，对个体而言，角色模糊会增加工作压力和焦虑感，因为缺乏明确的任务和目标会使个体在执行工作时产生无力感和不安全感。长期的角色模糊还可能导致个体的工作倦怠，表现为情绪疲劳、个人成就感降低和去人格化。

其次，对组织而言，角色模糊效应会导致整体工作效率降低。员工在角色不清的情况下，容易发生职责重叠或任务遗漏的情况，这会降低团队的合作效率，增加沟通成本。此外，角色模糊还会增加员工的离职意向，因为缺乏明确的方向感和发展目标，员工更容易感到对工作的厌倦和对组织的失望。

理论背景与对角色模糊效应的研究

1. 卡茨与卡恩的研究： 卡茨与卡恩对组织中角色的研究奠定了角色模糊理论的基础。他们通过对大企业和公共部门的深入研究发现，组织中的角色模糊性主要来源于任务的复杂性和沟通不足。特别是在大型组织中，由于层级结构复杂，角色模糊问题更加普遍。

2. 角色冲突与角色模糊的区别： 角色模糊效应通常与角色冲突（Role Conflict）一起讨论。角色冲突是指个体在执行多个角色时，这些角色之间存在矛盾的要求，而角色模糊则是对单一角色的任务和期望缺乏清晰的理解。角色冲突和角色模糊都可能增加个体的心理负担，但角色模糊的关键问题在于信息的不确定性和目标的不明确。

3. 社会角色与组织效能： 在社会心理学中，角色模糊也被视为一种社会角色错位的表现。社会角色理论认为，每个人的行为都受到社会赋予的角色规范，而角色模糊则意味着这些规范不明确或彼此冲突，导致个体无法适应社会期望。这种现象在组织中表现为员工在完成任务时对自己行为的适当性存在疑虑，最终影响组织效能。

如何减少角色模糊效应

1. 提供明确的岗位描述： 管理者在员工入职或职位变动时，应该提供详细的岗位描述，明确其任务、目标和职责。这不仅能够帮助员工快速熟悉工作内容，还能增强他们的信心和工作效率。

2. 建立有效沟通机制：良好的沟通是减少角色模糊的重要手段。通过定期的工作会议和一对一的反馈，管理者可以及时澄清员工在工作中遇到的问题，消除模糊和误解。

3. 持续的角色评估与调整：角色不是一成不变的。在工作过程中，管理者应对角色的职责和期望进行定期评估，并根据实际需要进行调整。这种动态的角色管理有助于保持员工的工作方向感，减少因角色模糊导致的困惑和压力。通过对角色模糊效应的深入理解，管理者和团队可以有效减少角色不清所带来的负面影响，为个体和组织的长期健康和提高绩效提供更有力的支持。

POINT
61

延迟满足：
成功的关键心理能力

延迟满足（Delayed Gratification）是指个体能够忍受短期的欲望或诱惑，以换取更大、更持久的未来回报的能力。这种能力被认为是成功和心理健康的关键要素之一。延迟满足的概念和研究始于 20 世纪 60 年代，心理学家沃尔特·米歇尔（Walter Mischel）在其著名的"棉花糖实验"中深入探讨了这一现象，并揭示了延迟满足能力对个体未来生活的重要影响。

理论背景与延迟满足的实验

延迟满足最早由沃尔特·米歇尔在 20 世纪 60 年代通过一系列实验提出，这些实验后来被称为"棉花糖实验"。该实验的目的在于探索儿童对延迟满足的反应，以及这种能力对其未来成长的影响。

在实验中，米歇尔将四岁的孩子带到一个房间里，给他们一颗棉花糖，同时告诉他们，如果他们能等上 15 分钟不吃这颗棉花糖，就可以再得到一颗作为奖励。然而，如果他们选择立即吃掉这颗棉花糖，就不会有额外的奖励。实验过程显示，有些孩子能够成功抵制诱惑等待，而另一些孩子则选择立刻享用棉花糖。

实验的长期追踪结果显示，能够延迟满足的孩子在后来的生活中表现出较好的学术成就、社会适应能力和健康状况。这些结果引起了学术界的广泛关注，延迟满足也因此被认为是个人成功和心理健康的重要预测因子。

米歇尔的实验和后续的研究表明，延迟满足能力不仅与自我控制有关，还与个体的心理弹性和对未来的规划能力密切相关。这种能力在个人成长和社会适应中起着重要的作用，是一种有助于实现长期目标的重要心理机制。

延迟满足的心理机制

延迟满足背后的心理机制主要涉及自我控制和意志力。自我控制是个体为了实现长期目标而抑制短期冲动的能力，而意志力则是维持这种自我控制的动力来源。米歇尔的研究表明，延迟满足能力的培养不仅与生理因素有关，还与个体的环境、成长经历以及对未来回报的认知息息相关。

实验还发现，通过将注意力从诱惑转移到其他事物上，可以有效地提高延迟满足的成功率。例如，那些能够成功等待的孩子往往会通过玩耍或唱歌等方式来分散注意力，而那些专注于棉花糖本身的孩子则更容易屈服于诱惑。这一发现说明，自我控制不仅是一种内在能力，还可以通过策略性地调整注意力来加以增强。

延迟满足的实际应用

1. 教育中的应用：延迟满足能力在教育领域中具有重要的应用价值。教师可以通过设立小目标并逐步实现的方式来培养学生的自我控制能力。例如，在学习中，学生可以通过延迟娱乐活动，专注于完成学业目标来培养延迟满足的习惯。这种能力不仅能够提升学业表现，还能帮助学生更好地应对生活中的各种挑战。

2. 个人成长中的应用：延迟满足在个人成长和自我管理中也起着重要作

用。例如，在财务管理中，能够延迟消费满足、坚持储蓄的人，通常会比那些过度消费的人更容易实现经济自由。在健康方面，能够抵制垃圾食品诱惑的人也往往拥有更健康的生活方式和体质。

3. 职场中的应用：在职场中，延迟满足表现为为了长期职业目标而进行的学习和努力。例如，一名员工可能会放弃当下的舒适和轻松，投入更多时间用于提升专业技能，从而在未来获得更好的职业发展。这种对短期诱惑的抑制和对长期目标的坚持，是职业成功的重要因素。

如何培养延迟满足能力

1. 设立明确的长期目标：延迟满足的基础是对未来回报的重视。通过设立清晰的长期目标，个体可以增强对当前自我控制的动力。例如，学生可以设定未来要考上某所大学的目标，从而在日常学习中更好地抑制娱乐的诱惑。

2. 培养转移注意力的技巧：延迟满足的另一个有效策略是学会转移注意力。通过将注意力从当前的诱惑转移到其他更有建设性的活动上，可以有效地提高延迟满足的成功率。例如，在面临不必要的购物冲动时，可以通过阅读、运动等方式来分散注意力，减少冲动消费的可能性。

3. 逐步培养自我控制能力：延迟满足并不是一种天生的能力，它可以通过后天的训练逐步增强。可以从一些小的延迟任务开始训练，如在日常生活中推迟某些即时满足的行为，通过不断积累的方式提高自我控制的能力和对诱惑的抵抗力。

心理学视角下的延迟满足

延迟满足与个体的意志力、心理弹性以及对未来回报的认知有关。研究表明，延迟满足能力较强的人往往具有更高的心理弹性，他们能够更好地应对生活中的挫折和挑战，保持积极的心态。此外，延迟满足还与大脑中涉及奖赏的神经机制密切相关，那些对长期奖励更加敏感的人，往往更容易坚持延迟满足。

米歇尔的研究还表明，延迟满足不仅仅是一种自我约束的能力，它实际上与个体的世界观和成长环境密切相关。那些在稳定、可预测环境中成长的孩子往往更容易相信未来的回报是真实的，因此更有可能成功地延迟满足。相反，在不确定的环境中成长的孩子，可能更倾向于选择即时满足，因为他们对未来的回报缺乏信任。

通过理解和应用延迟满足的概念，我们可以更加有效地进行自我管理，抵抗短期诱惑，实现长期目标。这种能力的培养不仅有助于提高我们的自我控制和心理健康，还能帮助我们在生活和工作中获得更大的成就和满足感。

POINT 62
过度理由效应：内在动机的削弱

过度理由效应（Overjustification Effect）是指当外部奖励过多时，个体的内在动机会减弱的心理现象。具体来说，当一个人因外在的奖励而去完成一项活动时，这种外在动机可能会削弱他们原本的内在动机，从而降低对活动本身的兴趣。过度理由效应揭示了外部动机对内在动机可能带来的消极影响，这对教育、工作管理以及个人生活有着重要启示。

理论背景与提出过程

过度理由效应的概念最早由心理学家爱德华·德西（Edward Deci）和其同事在20世纪70年代提出。他们通过一系列实验，探索了外部奖励对内在动机的影响，试图解释为什么有时候外在激励反而会降低一个人对某项活动的兴趣。

在经典的实验中，德西等人召集了一组对绘画充满兴趣的孩子，首先让他们在没有任何奖励的情况下进行绘画活动，并观察他们对绘画的持续兴趣。接着，实验者向另一组孩子提供奖励，如玩具和零食，作为他们参与绘画的报酬。实验结果显示，受到奖励的孩子在停止奖励后，明显对绘画的兴趣降低，而那些没有得到奖励的孩子依然保持着对绘画的热情。

这种现象表明，当个体因为外部奖励而进行某项活动时，他们可能会忽略自己对活动的原有兴趣，反而将行为的动机归因于奖励。这种动机的转移最终会导致内在兴趣的减弱。这一理论不仅对行为动机的理解具有重要意义，也对奖励机制的设计提供了深刻的启发。

实验与研究

过度理由效应的经典实验之一就是"笔画实验"，由莱普、格林和尼斯贝特（Lepper, Greene & Nisbett）在1973年进行。实验邀请了一些幼儿园的孩子进行画画活动，这些孩子最初都对画画充满兴趣。实验分为三组：

1. 承诺奖励组：实验者事先告诉孩子，画画可以获得一枚奖章。

2. 意外奖励组：实验者没有事先承诺奖励，但在孩子画完之后给予他们奖励。

3. 无奖励组：孩子们进行画画，没有任何奖励。

结果显示，事先承诺奖励的孩子在实验后对画画的兴趣明显降低，而意外奖励和无奖励的孩子则保持了较高的兴趣。这一实验表明，外在的奖励如果提前明确地与活动挂钩，会削弱个体对活动本身的兴趣，而出于自发性的内在动机则较为持久。

过度理由效应的心理机制

过度理由效应背后的心理机制主要涉及自我感知理论（Self-Perception Theory）。当个体在进行某项活动时，如果有明显的外部原因存在（如奖励），他们会倾向于将自己的行为归因于外部动机，而非内在兴趣。因此，个体在外部奖励消失时，内在动机也会随之减弱。

此外，过度理由效应还与控制感的丧失有关。当个体感觉到自己的行为受到外部力量控制时，行为的自主性被削弱，他们会认为行为不再是源于自己的选择，而是出于外部压力或利益的驱使，这进一步降低了对活动的内在热情。

过度理由效应的实际应用

1. 教育中：在教育中，教师常常用奖励来激励学生学习。然而，如果奖励过多且与学习行为直接挂钩，可能会导致学生将学习视为获得奖励的手段，而非一种有趣的探索过程。为了避免过度理由效应，教育者应注重培养学生的内在学习动机，如通过鼓励探索、激发好奇心等方式来增强对学习本身的兴趣。

2. 工作管理中：在工作场所，过度的物质激励，如奖金或津贴，可能会降低员工对工作的内在兴趣和热情。管理者可以通过设立具有挑战性的任务、提供成长机会以及激励员工的自主性，来减少对外在奖励的依赖，增强员工的内在动机。

3. 个人生活中：在日常生活中，家长常常通过给予孩子零花钱或物质奖励来鼓励他们完成家务。但长期来看，这样的奖励机制可能会导致孩子对家务的兴趣减少，认为完成家务仅仅是为了获得奖励，而不是出于责任感或对家庭的关爱。因此，家长可以通过增强孩子对家务的理解，帮助他们认识到这是一种对家庭的贡献，从而保持他们的内在动机。

如何减少过度理由效应

1. 注重内在动机的培养：在使用奖励机制时，应尽量减少直接以物质奖励作为行为的唯一驱动力。可以通过鼓励、肯定和认可来增强个体的内在动机，让他们感受到行为本身的价值和意义。

2. 提供意外奖励：相比于事先承诺奖励，提供意外的奖励可以减少对内在动机的负面影响。例如，在孩子完成某项任务后，给予意外的小礼物或称赞，而不是提前告诉他们会有奖励，这样可以在保持内在兴趣的同时给予正向反馈。

3. 增强行为的自主性：让个体感觉到他们的行为是出于自己的选择，而非被外部力量所强迫的，这有助于维持内在动机。无论是在学习、工作还是家庭生活中，增加个体的选择权和自主性可以有效减少过度理由效应的发生。

心理学视角下的过度理由效应

过度理由效应对行为心理学和动机理论的研究具有深远影响。它揭示了外部动机在某些情况下可能会对内在动机造成损害，提醒我们在设计奖励系统时，应考虑内在动机的重要性。理解过度理由效应，可以帮助我们更好地平衡外部激励与内在动机，避免在激励个体行为时，因过度使用外在奖励而适得其反。

通过理解和应用过度理由效应的原理，我们可以在教育、管理和日常生活中更加合理地使用奖励机制，以确保内在动机得到保护和增强。这不仅有助于个人的成长和发展，也能促使我们在激励他人时获得更好的长期效果。

POINT 63

内隐自尊：
看不见的自我价值感

内隐自尊（Implicit Self-Esteem）是指个体在无意识状态下对自我持有的积极或消极的态度。与外显自尊不同，内隐自尊并非通过有意识的自我报告得出，而是通过隐含的心理反应和态度体现。内隐自尊的概念强调了人类心理中隐藏的自我评价，它对于理解人类行为、情绪反应和社交互动有着重要作用。

理论背景与提出过程

内隐自尊的概念源自社会心理学对自尊的研究。传统上，自尊是通过直接的问卷调查测量的，例如"罗森伯格自尊量表"（Rosenberg Self-Esteem Scale），这类量表通过直接提问个体对自我的看法来衡量外显自尊。然而，有些心理学家认为，这种有意识的自我报告无法完全反映个体的内心自我评价，尤其是那些受到社会期望影响的部分。因此，内隐自尊这一概念应运而生。

20世纪90年代，心理学家格林沃尔德（Anthony Greenwald）等人提出了"内隐联想测验"（Implicit Association Test，IAT），用于衡量个体在无意识状态下对自我和他人之间的态度联想。内隐自尊的提出和测量，帮助研究人员深入探索个体对自我认知中的无意识成分。

经典实验与研究

格林沃尔德等人通过内隐联想测验（IAT）来测量内隐自尊的水平。该测验通过将"自己"与"积极"或"消极"词汇进行配对，考察个体反应的速度和准确性。实验发现，如果一个人内隐自尊水平较高，当"自己"与"积极"词汇配对时，他们的反应会更快，而与"消极"词汇配对时反应则相对较慢。

另一项研究由心理学家德尔罗伊·L·保尔哈斯（Delroy L.Paulhus）进行，他们发现，内隐自尊与外显自尊之间可能存在矛盾。例如，有些人对外表现得非常自信，拥有高外显自尊，但在内隐层面，他们可能持有较低的自尊，这种矛盾被称为"脆弱的自尊"（Fragile Self-Esteem）。这一发现揭示了个体心理中外显与内隐之间的复杂互动，说明自尊并非单一层面的心理结构。

内隐自尊的特征

1. **无意识的自我评价**：内隐自尊是个体在无意识状态下形成的自我态度，通常不会通过有意识的自我反思得出。这意味着个体对自己真正的自我评价可能与他们口头上表达的自尊存在差异。

2. **行为的隐性影响**：内隐自尊往往会在无意识中影响个体的行为和情绪反应。例如，一个内隐自尊较低的人在受到批评时，可能会表现出强烈的防御反应，而这种反应并非基于理性思考，而是来自内心深处对自我的不认可。

3. **对社会互动的影响**：内隐自尊也会影响个体的人际互动。例如，内隐自尊较低的人在与他人互动时，可能会表现出不自信或对社交威胁的过度敏感，尽管他们在外显层面可能并不表现出这种自卑。

内隐自尊的实际应用

1. **心理治疗中**：在心理治疗中，了解内隐自尊有助于揭示个体行为背后的无意识动机。许多来访者在面对自尊问题时，可能会对自己的外显自尊有错误的判断，而通过探索内隐自尊，治疗师可以帮助他们更深入地理解自我，并针对无意识中的负面信念进行干预。

2. **儿童教育中**：内隐自尊的培养在儿童早期教育中尤为重要。研究表明，儿童的内隐自尊受到家庭环境和亲子关系的显著影响。通过给予孩子积极的反馈和安全的成长环境，可以帮助他们在无意识中建立正向的自我评价，这对于他们未来的心理健康和社会适应具有重要意义。

3. **职场中**：在职场中，内隐自尊会影响员工的工作态度和工作绩效，一名内隐自尊较低的员工，可能会对领导的批评或任务中的困难表现出过度的焦虑和回避。通过提升员工的内隐自尊，如提供更多的正向激励和肯定，可以有效加强他们的工作表现和心理韧性。

如何提升内隐自尊

1. **积极的自我暗示**：内隐自尊的提升可以通过积极的自我暗示来实现。通过重复积极的自我评价，如每天进行自我肯定练习，可以逐渐影响无意识中的自我概念，增强内隐自尊。

2. **培养积极的社交关系**：建立和维持积极的社交关系，也有助于提升内隐自尊。与那些能给予支持和肯定的人相处，可以在无意识中帮助个体形成对自我的积极态度。

3. 行为干预：通过改变行为来间接影响内隐自尊也是一种有效的方法。例如，鼓励个体参与挑战性的活动并取得成功，可以让他们在无意识中对自己的能力形成更加积极的评价。

心理学视角下的内隐自尊

内隐自尊的研究对理解个体的行为和心理健康有着重要意义。它揭示了人类心理的复杂性，说明我们的自我评价不仅仅由有意识的思维决定，还受到无意识的态度和信念的深刻影响。内隐自尊的高低不仅影响个体的情绪反应，还影响他们在人际关系中的表现和生活满意度。

通过对内隐自尊的理解，个体可以更加深入地了解自己的内心世界，并通过积极的方式来改善自我认知，进而提升整体的心理健康水平。这一概念也提醒我们，在与他人互动时，应关注那些可能存在于无意识中的自我怀疑和不安全感，通过支持和鼓励来帮助他人建立更强的内隐自尊。

POINT 64
习得性乐观：
心理健康的正向力量

习得性乐观（Learned Optimism）是由著名心理学家马丁·塞利格曼（Martin Seligman）提出的一种心理概念，强调通过有意识地调整认知方式和解释风格，个体可以习得更为积极的思维方式，以应对生活中的挑战与挫折。这种概念与习得性无助相对立。习得性乐观为个人提供了一种主动控制和改变自己命运的可能。

理论背景与提出过程

马丁·塞利格曼在 20 世纪 70 年代首先提出了"习得性无助"概念，描述了个体在面对无法控制的负面事件时，往往会产生无力感，从而失去积极应对的动力。塞利格曼通过一系列实验发现，这种无助感不仅会使动物停止努力逃脱困境，也同样会使人类产生抑郁和消极情绪。

随着研究的深入，塞利格曼开始探索相反的可能性，即是否可以通过改变个体对事件的解释方式，培养出一种乐观的态度，从而提高对生活的满意度和应对能力。于是，习得性乐观的概念被提出，成为积极心理学中的核心理论之一。塞利格曼认为，通过有意识地改变对失败和困难的看法，个体可以摆脱习得性无助，逐渐培养积极、乐观的心态。

经典实验与研究

塞利格曼与同事们进行了许多实验来探索习得性乐观的培养过程。在实验中,研究者通过训练参与者改变他们对负面事件的解释方式,观察其心理状态和行为的变化。他们将参与者分为两组,一组接受关于如何识别并挑战负面思维的训练,另一组则作为对照组。

研究发现,接受训练的参与者在面对压力和挫折时表现得更为积极和主动,他们在解释负面事件时,往往不会将其归因于个人的永久性缺陷,而是视为一时的困难,并且相信通过努力可以改变。这种认知方式的改变显著降低了他们的焦虑和抑郁症状,增强了他们面对困难的应对能力。

习得性乐观的特征

1. 解释风格的改变:习得性乐观的核心是对事件的解释风格的改变。乐观的人倾向于将负面事件视为临时性的、外部的,并且是可以改变的,而不是内在的、永久的。通过这种解释方式,个体不会因一时的挫折而否定自己的整体能力。

2. 主动应对:习得性乐观强调个体在面对挑战时的主动性,乐观的人通常会积极寻找解决办法,而不是被动接受。这种应对方式有助于增强他们对生活的掌控感,从而提高心理健康水平。

3. 情绪的正向调节:习得性乐观不仅影响认知方式,还对情绪调节有积极作用。乐观的人通常表现出更少的负面情绪、更高的幸福感及更强的抗压力,这些特征有助于他们更好地应对生活中的各种变化和挑战。

习得性乐观的实际应用

1. 教育中：习得性乐观的理念在教育中应用广泛。教师可以帮助学生培养积极的思维方式，鼓励他们将学习中的失败视为成长过程的一部分。通过改变对失败的看法，学生可以更好地面对学业上的挑战，并保持持久的学习动机。

2. 心理治疗中：在认知行为疗法（CBT）中，习得性乐观的理论被用来帮助抑郁症患者改变他们对负面事件的消极看法。通过训练患者识别并挑战他们的消极自动思维，心理治疗师能够帮助患者培养更加积极的思维方式，从而减轻抑郁症状。

3. 职场中：在职场中，习得性乐观可以帮助员工应对压力和挑战，特别是在面对失败或挫折时。通过引导员工以积极的方式看待工作中的挑战，管理者可以帮助他们增强心理韧性，提高工作效率，并减少因压力而导致的职业倦怠。

如何培养习得性乐观

1. 改变解释风格：培养习得性乐观的第一步是学会识别和改变自己对负面事件的解释方式。个体可以通过记录负面事件及其解释，主动将其转化为更加乐观的解释，例如将失败视为一个学习机会，而不是对个人能力的否定。

2. 自我对话训练：通过自我对话来挑战消极思维是培养习得性乐观的重要方法。当个体面对失败时，可以通过积极的自我对话来鼓励自己，例如"这次失败只是暂时的，我下次可以做得更好"。

3. 积极关注成功的经历：个体还可以通过回顾自己过去的成功经历，增

64 习得性乐观：心理健康的正向力量

强自信心，并将这些经历作为应对当前挑战的心理资源。回顾成功的经历有助于个体意识到自己是有能力解决问题的，从而增强应对信心。

心理学视角下的习得性乐观

习得性乐观是积极心理学的核心概念之一，它强调通过改变认知方式来影响个体的情绪和行为。塞利格曼的研究表明，乐观不仅仅是一种天生的性格特征，它是一种可以通过后天训练来获得的心理能力。培养习得性乐观有助于增强个体的抗压能力，提高生活的幸福感和满意度。

理解习得性乐观的过程，对于个人成长和心理健康至关重要。通过有意识地练习积极的解释风格，个体可以摆脱习得性无助的阴影，迈向更加积极的人生，进而在面对生活的种种挑战时保持坚韧和希望。

POINT 65
社会认知理论：观察学习与行为的塑造

社会认知理论（Social Cognitive Theory）由心理学家阿尔伯特·班杜拉（Albert Bandura）提出，主要解释了人类通过观察和模仿他人的行为来学习新技能的过程。这一理论不仅强调直接经验的学习，还特别关注通过观察和模仿他人行为来形成自我效能和自我调节能力的过程，是理解社会行为和个体成长的重要框架之一。

理论背景与提出过程

社会认知理论最早起源于班杜拉对行为主义学习理论的扩展。他认为，传统行为主义只关注通过刺激与反应进行的学习，而忽视了个体在社会环境中通过观察、认知和内在过程来学习的可能性。因此，班杜拉在 20 世纪 60 年代提出社会学习理论，后来发展为社会认知理论，强调个体与环境之间的互动及认知在行为学习中的重要性。

班杜拉通过大量研究发现，个体不仅通过直接的强化或惩罚来学习，还通过对他人行为的观察获得新的信息，并决定是否模仿这些行为。他认为，人类的学习是一个复杂的认知过程，涉及观察、记忆、动机等多个因素。

65 社会认知理论：观察学习与行为的塑造

经典实验与研究

班杜拉的"波波娃娃实验"（Bobo Doll Experiment）是社会认知理论的经典研究之一。在实验中，班杜拉及其同事让儿童观看成人对充气玩具娃娃（波波娃娃）进行攻击性行为。然后，他们观察这些儿童在独自面对波波娃娃时的行为。

实验结果表明，那些观看了成人表现出攻击性行为的儿童，往往也会模仿类似的攻击行为，而没有观看攻击性行为的儿童则较少表现出攻击性。这个实验清晰地表明，儿童会通过观察他人行为来学习新的反应，既便这些行为中并没有直接的强化或惩罚。

社会认知理论的核心概念

1. **观察学习**：社会认知理论的核心是观察学习，个体通过观察他人的行为、结果和环境中的互动来学习。例如，儿童会通过观察父母或同伴的行为来模仿他们的举止和态度。

2. **自我效能感**：班杜拉提出了自我效能感这一概念，指个体对自己能否成功完成某项任务的信念。高自我效能感的人在面对挑战时往往更有信心，更愿意投入和坚持。

3. **相互决定论**：班杜拉提出，行为、个人因素（如认知和情绪）及环境相互影响，这种动态的相互作用被称为相互决定论。即个体的行为不仅影响环境，还受到环境的反作用影响。

实际应用与社会影响

1. 教育中的应用：社会认知理论对教育实践有深远影响。通过教师展示积极的行为和解决问题的策略，学生能够通过观察学习这些技能。同时，教师也可以通过对学生的积极反馈来增强他们的自我效能感。

2. 媒体对行为的影响：社会认知理论也应用于理解媒体对行为的影响。班杜拉认为，电视、电影和网络等媒体中的暴力场景可能会影响观众，尤其是儿童模仿暴力行为。因此，媒体内容需要进行适当的引导和控制，以减少负面模仿。

3. 健康行为的培养：在健康心理学中，社会认知理论被用来解释人们如何通过观察他人养成健康的生活方式。例如公众健康宣传中的榜样示范，通过展示运动的好处来鼓励大众模仿，从而提升健康行为的普及度。

如何运用社会认知理论促进成长

1. 寻找积极的榜样：选择那些具有积极行为和成功经验的榜样进行观察和学习，是运用社会认知理论促进成长的有效策略。例如，学生可以通过观察优秀同学的学习方法来改善自己的学习习惯。

2. 增强自我效能感：通过设立可实现的目标并逐步完成，可以有效提高自我效能感。班杜拉的研究表明，自我效能感越高，个体在面对挑战时越愿意坚持和投入。

3. 正向环境的建立：创建一个充满正面行为和积极互动的环境，有助于个体在观察中形成积极的行为模式。例如，家庭和学校环境中积极的互动和正面强化能够鼓励个体形成健康的行为。

65 社会认知理论：观察学习与行为的塑造

心理学视角下的社会认知理论

社会认知理论为理解个体如何在社会环境中学习和成长提供了科学框架。班杜拉的研究表明，人的行为不仅受外部强化的影响，还受到内在认知和社会环境的多重作用。通过观察他人、设立积极榜样以及提高自我效能感，个体可以更好地掌握学习和成长的主动权，从而在面对生活中的挑战时拥有更强的适应力和积极性。

通过理解和运用社会认知理论，我们可以在教育、职场和日常生活中为自己和他人创造更有利于成长的环境，帮助个体通过积极的观察学习实现自我发展。

POINT 66

爱情三角理论：
理解爱情的三个维度

爱情三角理论（Triangular Theory of Love）由心理学家罗伯特·斯滕伯格（Robert Sternberg）于20世纪80年代提出，用来解释爱情的复杂结构和不同形式。他通过对爱情的深入研究，提出了爱情由三个核心成分构成：激情（Passion）、亲密（Intimacy）和承诺（Commitment）。这些成分的组合可以解释人们所体验到的各种类型的爱情关系。

理论背景与提出过程

斯滕伯格提出爱情三角理论是基于他对爱情关系的广泛研究。他认为爱情不仅仅是一种单一的情感，而是由多种心理和行为成分构成的复合体。爱情的三个核心维度——激情、亲密和承诺，分别代表着爱情中的不同侧面。激情主要指生理上的吸引和性欲，亲密则是指情感上的亲近感、信任和理解，承诺则是对维持关系的长远规划和决心。

通过对各种爱情关系的分析，斯滕伯格总结出这些核心维度在不同的爱情类型中具有不同的表现。例如，仅有激情而缺乏亲密和承诺的爱情可能是短暂的迷恋，而结合了亲密和承诺但缺乏激情的关系则更类似于友情或伴侣式的爱。

爱情的三种核心成分

1. **激情**：激情是爱情中的身体和生理成分，它通常伴随着性吸引和强烈的情感波动。激情是促使两人互相吸引并建立关系的驱动力，但单靠激情维持的关系往往是不稳定的，缺乏长久的基础。

2. **亲密**：亲密是爱情中的情感成分，它涉及彼此间的了解、支持、信任以及在精神和情感上的分享。亲密感的培养需要时间和耐心，是关系得以长久的重要因素之一。

3. **承诺**：承诺是爱情中的决策成分，它代表了对另一方的责任感和对关系的投入。承诺使得爱情关系在面对困难时得以维持，是建立长期稳定关系的关键因素。

爱情的七种类型

根据三种核心成分的不同组合，斯滕伯格将爱情分为七种类型：

1. **喜欢型（仅有亲密）**：这种关系只有情感上的亲密和友谊，没有激情和承诺。

2. **迷恋型（仅有激情）**：这是一种基于生理吸引的短暂爱情，通常缺乏深层的情感联系和对未来的承诺。

3. **空爱型（仅有承诺）**：这种关系可能存在于一些长期婚姻中，激情和亲密逐渐消失，仅有维持关系的承诺。

4. **浪漫爱（亲密+激情）**：这种类型的爱情既有情感上的亲密，又有生理上的吸引，但缺乏长远的承诺。

5. **伙伴爱（亲密+承诺）**：这种爱情通常见于那些长时间共同生活的伴侣之间，虽然激情不再强烈，但彼此间有深厚的情感和维持关系的决心。

6. **愚昧爱（激情+承诺）**：这种爱情充满激情，并且双方决定维持关系，但缺乏情感上的深层交流。

7. 完美爱（亲密＋激情＋承诺）：这是爱情的理想状态，三种成分兼具，是最全面和持久的爱情形式。

经典案例与应用

斯滕伯格的爱情三角理论对人们理解爱情关系的复杂性具有重要意义。例如，很多人在恋爱初期体验到的是浪漫爱，伴随着激情和亲密，但如果没有进一步的承诺，关系可能很难长久。而在长期婚姻中，随着激情逐渐消退，亲密和承诺则成为维持关系的主要力量。

在婚姻辅导和伴侣咨询中，爱情三角理论被广泛应用于帮助伴侣理解彼此之间的情感需求。例如，当伴侣关系中缺少亲密感时，咨询师可以帮助他们通过沟通和相互理解来增加情感上的联系；而当承诺减弱时，则可能需要讨论对未来的共同目标和期待，以增强双方对关系的投入感。

对个体生活的启发

爱情三角理论提醒我们，爱情并非单一维度，而是由多方面的情感和行为构成的动态关系。为了建立和维持一段健康的爱情关系，我们需要关注激情、亲密和承诺这三种成分的平衡。激情可以为爱情带来活力和兴奋感，但亲密和承诺才是让关系得以长久的重要基础。

通过理解爱情的不同成分，我们可以更好地评估自己在关系中的状态，并找出可能需要改善的地方。例如，当关系中缺乏激情时，可以通过一些新的共同活动或增加互动来恢复感情的热度；当缺乏承诺时，则需要讨论彼此对未来的期望，以增强双方对关系的信心；当缺乏亲密时，双方需要共同努力，通过沟通、理解和包容来重建亲密感。如果问题难以解决，寻求专业帮助也是一个有效途径。

POINT 67
间歇性强化：行为塑造的有力工具

间歇性强化（Intermittent Reinforcement）是指在行为发生之后，并不是每次都给予奖励，而是有间隔地、不定期地对行为进行强化。间歇性强化的独特之处在于它比持续性强化更能够增强行为的持久性，是行为心理学中用来塑造和维持行为的有效方法之一。

理论背景与提出过程

间歇性强化的概念源自行为主义心理学家 B.F. 斯金纳（B.F. Skinner）的研究。斯金纳在 20 世纪中叶进行了一系列关于操作性条件反射的实验，试图探索如何通过奖励和惩罚来影响动物的行为。他发现，当一种行为得到不连续的奖励时，个体对行为的坚持度往往会更高，这就是间歇性强化的核心思想。

通过不同的强化模式，斯金纳发现，间歇性强化比每次行为后都给予奖励的连续性强化更加有效，尤其是在希望塑造一种行为长期持续时。例如，在训练老鼠按压杠杆以获得食物时，斯金纳发现，如果仅在某些特定次数的按压后才给予食物奖励，老鼠会更频繁地进行按压，并且在食物奖励停止之后也会持续更长时间。

强化模式的种类

间歇性强化可以进一步分为几种不同的模式，每种模式在塑造和维持行为上的效果有所不同：

1. 固定比率强化（Fixed Ratio）：在个体完成固定次数的行为之后给予奖励。例如，每按压杠杆五次，老鼠会获得一次食物。固定比率强化能够导致较高的行为频率，但在奖励提供之后也可能导致短暂的行为停顿。

2. 变动比率强化（Variable Ratio）：在个体完成不固定次数的行为后给予奖励。这种模式导致的行为最为持久和频繁。例如，赌场中的老虎机就是通过变动比率强化来吸引玩家继续投入。

3. 固定时距强化（Fixed Interval）：在特定时间间隔之后给予一次行为奖励，例如每隔十分钟进行一次奖励。这种方式会导致行为在时间间隔即将到来之前有所强化。

4. 变动时距强化（Variable Interval）：在不固定的时间间隔后给予奖励，这种方式通常会导致稳定的行为频率。例如钓鱼时，鱼咬钩的时间是不确定的，钓鱼者只能保持稳定的尝试。

经典实验与研究

斯金纳通过"斯金纳箱"对老鼠和鸽子进行了大量的实验，以研究不同强化模式对行为的影响。在变动比率的实验中，老鼠和鸽子在得到不确定的奖励时，表现出更为顽固的行为坚持性。例如，即使在很长一段时间没有得到食物，动物们也会继续尝试按压杠杆，因为它们知道下次按压可能会带来奖励。这种不确定性导致了行为的持续性和顽固性，类似于人类在赌博中的行为。

67 间歇性强化：行为塑造的有力工具

间歇性强化的应用

1. 教育中： 间歇性强化在教育中的应用非常广泛。教师在教学中可以通过间歇性表扬或奖励学生，增强他们对学习的兴趣。例如，不是每次作业都给予奖励，而是在表现突出时给予特别的表扬，可以使学生保持对学习的长期兴趣。

2. 职场中： 在职场中，管理者可以通过不定期的认可和奖励来激励员工。例如，不是每次任务完成后都给予奖金，而是在员工超出预期表现时提供奖励。这样可以帮助员工保持高昂的工作积极性，并减少对外在奖励的过度依赖。

3. 行为矫正中： 在行为矫正中，间歇性强化也被用来帮助个体形成良好的行为习惯。例如，对于有不良行为的个体，行为矫正师可以通过不定期的表扬和奖励，来鼓励其改进行为。通过间歇性强化，个体会更加自发地进行行为改进，而不是仅仅因为期待每次的奖励。

间歇性强化的优势与风险

1. 增强行为持久性： 间歇性强化的最大优势在于它能够显著增强行为的持久性。当奖励并不每次都出现时，个体会为了获得可能的奖励而更加努力地实施行为，这使得行为的持续性大大增加。

2. 对不良行为的巩固： 然而，间歇性强化也有其风险。它同样可以巩固不良行为。例如，孩子在哭闹时，如果父母偶尔妥协，给予孩子想要的东西，就会强化孩子的哭闹行为。这种偶尔的强化会使孩子持续使用哭闹来达到目的。因此，使用间歇性强化时必须谨慎，避免对不良行为的无意强化。

心理学视角下的间歇性强化

　　间歇性强化是行为主义心理学的重要组成部分，它揭示了行为与奖励之间的复杂关系。在许多方面，我们的行为习惯和动机都是通过间歇性强化得以维持的。理解这一原理，可以帮助我们更有效地塑造和管理自己的行为。例如，在面对长期目标时，偶尔给予自己奖励，可以帮助维持动机并克服懈怠。同时，在教育和职场管理中，间歇性强化也被证明是激发持续性努力和忠诚度的有效手段。

　　通过合理应用间歇性强化，我们可以更好地激励自己和他人，增强对目标的追求和行为的持久性，从而实现更长远的成长和发展。

POINT
68
程序性记忆：
无意识技能的储存与运用

程序性记忆（Procedural Memory）是一种与执行技能和习惯有关的记忆类型，用于储存如何完成各种任务的知识。它涉及动作和过程的记忆，例如骑自行车、系鞋带或者开车。这种类型的记忆属于长期记忆的一部分，是一种隐性的记忆，不需要有意识地回想起具体信息。

理论背景与提出过程

程序性记忆的概念最早由心理学家内森·科恩（Nathalie Cohen）和拉里·斯奎尔（Larry Squire）等人在 20 世纪 80 年代提出。研究人员通过对患有健忘症患者的研究发现，尽管这些患者无法记住新获得的事实信息，但他们仍然能够学习并掌握新技能，例如学习一种新类型的拼图。由此推断出，程序性记忆与陈述性记忆（涉及对事实和事件的显性记忆）是相互独立的。

程序性记忆依赖于大脑中的基底神经节和小脑等区域，而这些区域与运动控制和技能学习密切相关。与之相对，陈述性记忆则主要依赖于海马体。因此，即使海马体损伤严重，程序性记忆也可能保持完好，这也是许多健忘症患者仍然能够执行熟悉任务的原因。

程序性记忆的特征

1. **自动化**：程序性记忆的一个显著特征是自动化。经过多次练习后，这些技能逐渐变成无须有意识思考的行为，例如开车时自动换挡。这种自动化让个体可以更有效地利用认知资源，专注于其他复杂的任务。

2. **隐性记忆**：程序性记忆属于隐性记忆，也就是说，我们很难直接通过语言来描述这些技能的细节。例如，很难用言语来准确描述骑自行车的具体动作步骤，因为这些动作已经内化为自动化的程序。

3. **稳定性强**：程序性记忆具有高度的稳定性和持久性。一旦某种技能被学习并形成程序性记忆，就很难被遗忘。这也是为什么很多人即使多年不骑自行车，仍然可以轻松重新掌握这一技能的原因。

经典实验与研究

心理学家拉里·斯奎尔等人进行了大量关于程序性记忆的实验，其中著名的一项实验是对一名患有严重健忘症的病人的研究。他因癫痫治疗切除了部分海马体，导致其无法形成新的陈述性记忆。但在重复练习后，他能够逐渐掌握镜画追踪任务的技能（在通过镜子看到的情况下描绘图形）。尽管每次实验时，他都表示对之前的练习毫无印象，但他的操作技能却在不断提高。这一现象表明，程序性记忆的形成不依赖于海马体，并且与陈述性记忆相互独立。

程序性记忆的实际应用

1. **技能学习与运动训练**：程序性记忆在技能学习中起到重要作用。例如，运动员通过大量练习将某些复杂的动作（如扣篮、体操等动作）变得自动化，使其在比赛时不需要有意识地思考每个动作的细节。程序性记忆的形成帮助运动员在紧张的比赛中保持稳定的表现。

2. 职业培训：程序性记忆在职业技能的掌握中也具有重要作用。例如，外科医生在进行复杂手术时，许多动作都是通过程序性记忆自动化的，这使得他们能够在高压环境下保持准确和高效。此外，程序性记忆在音乐演奏、驾驶、烹饪等日常技能中也非常重要。

3. 康复治疗：对于大脑受到损伤的患者，康复训练可以通过程序性记忆帮助他们重新掌握某些日常生活技能。通过不断的重复训练，即使患者无法记住训练的具体情节，他们仍可以逐渐恢复相应的技能，例如走路、吃饭等动作。

心理学视角下的程序性记忆

程序性记忆是人类行为自动化的重要机制，帮助我们在生活和工作中高效完成各种任务，而无须占用宝贵的认知资源。程序性记忆的存在揭示了人类大脑对信息存储和处理的复杂性，以及我们如何通过练习将新技能内化为稳定的行为模式。

通过理解程序性记忆的形成和维持过程，我们可以更加科学地进行技能训练和行为习惯的培养。例如，在学习新技能时，反复的练习和正确的示范可以帮助我们加速程序性记忆的建立，使这些技能最终转化为自动化的行为，从而在复杂情境中脱颖而出。

POINT 69

幸福悖论：
物质与幸福的错位

幸福悖论（Paradox of Happiness），也被称为"伊斯特林悖论"（Easterlin Paradox），由经济学家理查德·伊斯特林（Richard Easterlin）于1974年提出。该悖论探讨了经济增长与人们幸福感之间的关系，发现了一个令人深思的现象：尽管经济收入增加，人们的幸福感并不一定会随之显著提高。

理论背景与提出过程

在20世纪中期，随着世界各国经济的飞速发展，人们普遍认为经济增长会自动带来更高的生活质量和幸福感。然而，理查德·伊斯特林通过对不同国家和不同时间段的数据进行研究后，发现了相反的现象：在短期内，收入的增加确实会提高个体的幸福感，但在长期和国家层面，收入的增长与人们幸福感的增加并不呈现一致关系。这一矛盾的现象被称为"幸福悖论"。

理论的核心观点

1. 收入的相对性：幸福悖论指出，收入对幸福感的影响在很大程度上取决于相对收入而非绝对收入。换句话说，人们的幸福感更多地受与他人相比的经济状况影响，而不是自身收入的绝对水平。因此，当所有人的收入都增长时，个体之间的相对差距并没有改变，人们的幸福感也不会显著提升。

2. 适应效应：幸福悖论还强调了人们对生活条件的适应性。随着收入增加，人们会逐渐习惯更高的生活标准，这种适应效应导致了幸福感的边际回报递减。例如，虽然获得加薪在短期内可能会让人感到更幸福，但随着时间的推移，人们会适应新的收入水平，幸福感也会回落至之前的状态。

3. 非物质因素的影响：除了收入，幸福感还受到诸如社会关系、健康状况、工作满意度、自由感等非物质因素的影响。幸福悖论提醒我们，单纯追求物质财富并不能实现持久的幸福，幸福感的关键在于生活的整体质量和内在满足感。

经典实验与研究

伊斯特林的研究包括对美国及其他国家的数据进行分析，结果表明，虽然在同一个国家中，富裕人群的幸福感通常高于贫困人群，但在国际比较中，富裕国家的整体幸福水平并不一定高于收入较低的国家。此外，随着国家收入水平的提高，人们的平均幸福感并没有呈现明显的上升趋势。

近年来，一些心理学家和经济学家继续对幸福悖论进行研究，发现物质的增加并不能满足人们对意义、归属感和社会认同等方面的需求。例如，在日本二战后的经济奇迹中，尽管国民收入大幅度增加，但日本人的主观幸福感却没有显著提升，这成为幸福悖论的一个经典案例。

幸福悖论的实际应用

1. 公共政策的制定：幸福悖论在公共政策的制定中有着重要的启示。政府在制定政策时，除了关注经济增长，还应重视社会公平、医疗保障、教育水平等因素的提升，以提高国民的整体幸福感。例如，一些国家开始关注"国民幸福总值"（Gross National Happiness，GNH）的指标，用来评估国家的发展水平。

2. 个人生活选择：幸福悖论也给了人们关于个人生活选择的重要提醒。在追求财富的同时，保持健康的生活方式、建立良好的人际关系、追求个人成长等，都是提升幸福感的关键因素。例如，一些人选择减少工作时间以增加与家人相处的时光，这样的选择虽然减少了收入，但却有助于提升生活满意度和幸福感。

3. 企业管理：在企业管理中，幸福悖论也被用来指导制订对员工的激励政策。高薪固然能在短期内提升员工的工作满意度，但长期来看，员工的幸福感更取决于工作环境的质量、人际关系的和谐、以及个人在工作中的成就感和意义感。因此，企业在制定薪酬激励时，应该同时关注员工的心理健康和工作满意度。

心理学视角下的幸福悖论

幸福悖论揭示了经济增长与人类幸福之间的复杂关系，也打破了"财富必然带来幸福"的传统观念。心理学家认为，幸福感不仅依赖于物质基础，还与心理需求、社会关系和内在成长紧密相关。通过理解幸福悖论，我们可以更有意识地平衡物质追求与内在满足，从而实现更全面、更持久的幸福。

幸福悖论提醒我们，真正的幸福来自生活的各个方面——经济保障、社会连接、个人成就以及内心的宁静与满足。通过关注生活中的这些非物质因素，我们能够建立更加平衡和有意义的人生，从而在物质世界中找到内心的满足感。

POINT 70

内隐偏见：
隐藏在无意识中的态度

内隐偏见（Implicit Bias）是指个体在无意识中持有的对某一群体或个人的偏见，这些偏见会影响我们的判断、决策和行为。内隐偏见通常难以被个体察觉，因为它们深藏在我们的无意识中，甚至与个体的显性态度和信仰相矛盾。理解内隐偏见的存在和其影响，对于消除歧视和偏见，促进社会公正有着重要意义。

理论背景与提出过程

内隐偏见的概念最早由心理学家安东尼·格林沃尔德（Anthony Greenwald）等人在20世纪90年代提出。格林沃尔德及其同事开发了一种叫作"内隐联想测验"（Implicit Association Test，IAT）的工具，用来测量个体在无意识层面上对特定社会群体的态度和偏好。通过对参与者的反应时间进行测量，IAT可以揭示个体在面对特定刺激时的无意识态度偏向。

内隐偏见的产生与人类大脑对信息的分类与归纳密切相关。为了应对复杂的社会环境，人类会自动对信息进行简化和归类，这一过程有助于快速做出决策，但也容易导致刻板印象和偏见的形成。内隐偏见正是这些无意识归类和刻板印象的产物。

内隐偏见的特征

1. **无意识性**：内隐偏见存在于个体的无意识层面，往往不为个人所觉察。例如，一个人可能会口头上宣称支持性别平等，但在实际行动中可能对女性的能力存在某些无意识的低估。

2. **自动化**：内隐偏见的激活是自动化的，通常在毫秒级别完成。在与不同人群互动时，我们的内隐偏见会迅速起作用，从而影响我们对他人的态度和行为。

3. **与显性态度的矛盾**：内隐偏见可能与个体的显性态度相矛盾。例如，一个医生可能在显性上支持平等对待所有患者，但内隐偏见可能会影响他对少数族裔患者的治疗方式。这种矛盾性使得内隐偏见更为隐蔽和难以察觉。

经典实验与研究

安东尼·格林沃尔德等人的内隐联想测验是研究内隐偏见的经典工具。通过测量个体在面对不同类别词汇时的反应速度，IAT可以揭示个体在无意识层面对不同群体的态度。例如，在关于种族偏见的IAT中，如果个体在把积极词汇与某一族群联系起来时的反应较慢，那么这可能表明该个体对这一族群持有负面的内隐态度。

其他研究也表明，内隐偏见在许多社会情境中发挥作用。例如，一些实验发现，在招聘过程中，招聘者可能会在无意识中更倾向于选择具有某些特征的候选人，例如具有相似背景或更符合"主流形象"的候选人等。

内隐偏见的实际应用

1. **教育领域**：内隐偏见在教育领域可能对学生的成绩和自尊心产生深

远影响。研究发现，教师对学生的内隐偏见可能导致对某些群体学生期望较低，进而影响他们的学业表现和自我认同感。因此，通过对教育工作者进行内隐偏见的培训，有助于减少对学生的无意识偏见。

2. 职场中的决策：在职场中，内隐偏见可能影响招聘、晋升和绩效评估等决策。通过在招聘过程中采用盲选简历的方法，或通过增加标准化的评估工具，可以减少内隐偏见对招聘决策的影响。此外，组织内部的多样性和包容性培训也有助于员工对自身内隐偏见的觉察，从而在决策中尽量减少偏见的作用。

3. 法律与执法：内隐偏见在法律和执法领域中的影响同样广泛，可能导致司法不公和执法不当。例如，警察可能会由于内隐偏见而在执法时对少数族裔采取更为严厉的态度。这种现象在许多国家和地区都有所反映。通过对警察和司法从业者进行内隐偏见的教育和培训，可以帮助他们更加公正地执行法律。

心理学视角下的内隐偏见

内隐偏见是理解社会不平等和歧视的重要概念之一，它揭示了即便在个体主观上认为自己是公正和无偏见的情况下，仍可能存在无意识的态度偏差。通过对内隐偏见的认识，我们可以更加客观地反思自身行为，并采取措施来减少这些无意识偏见对社会公正的负面影响。

内隐偏见的存在提醒我们，在推动社会平等的过程中，仅仅改变法律和政策是不够的。我们还需要对个体无意识中的偏见进行审视和改变，从而在更深层次上消除歧视和不公。通过对内隐偏见的持续研究和干预，我们有望在未来创造一个更加包容和公正的社会。

POINT
71
心理抗拒理论：
当自由受限时的反应

心理抗拒理论（Psychological Reactance Theory）由心理学家杰克·布雷姆（Jack Brehm）于 1966 年提出，描述了个体在感受到自由受到限制时所产生的抵抗情绪和行为。这种理论揭示了人类对于自主选择的强烈渴望，以及当外部力量试图干预或限制这种选择时，个体所表现出来的反抗和逆反心理。

理论背景与提出过程

心理抗拒理论的提出是基于对人类行为的观察，即人们对于自主选择有着根深蒂固的需求。布雷姆认为，当个体的自由受到威胁时，他们会产生一种内部的反抗状态，试图恢复失去的自由。这种反抗不仅会影响情绪，还会体现在具体的行为中，例如故意做出与限制方相反的行为，以维护自主权。

心理抗拒的产生常见于父母对子女的命令、政府的规定、广告的说服等场景中。当人们感到某种选择被剥夺，或者自由受限时，他们往往会更加强烈地希望做被禁止的事情。这种现象表明，人类对自由的追求是一种根深蒂固的心理需求。

心理抗拒的主要特征

1. 自由受到威胁时的反应：心理抗拒通常在个体感受到自由受到威胁或限制时产生。比如，当某些选项被禁止时，个体会更加渴望去选择这些选项，这是一种恢复自由的本能反应。

2. 逆反行为的表现：心理抗拒不仅仅是情绪上的反抗，还会表现在行为上。例如，当孩子被父母禁止做某些事情时，他们往往会更加想去做，这是一种对自由限制的逆反行为。

3. 增加被限制行为的吸引力：心理抗拒的一个显著特点是，当某种行为或物品被限制或禁止时，其吸引力反而会上升。这种现象在广告和市场营销中被广泛利用，所谓的"限时优惠"或"数量有限"的广告策略正是利用了人们对自由选择受限的抗拒心理。

经典实验与研究

布雷姆的经典实验之一是关于玩具的选择。他让一组儿童选择两种相似的玩具，并告诉他们其中一种玩具不可以玩，结果发现，大多数儿童对被禁止的玩具表现出了更强烈的兴趣。这种现象被称为"禁止果效应"（Forbidden Fruit Effect），即人们对被禁止的事物产生更大的渴望。

另一项著名的实验是由斯蒂芬·沃切尔（Stephen Worchel）等人进行的，涉及饼干的选择。研究者向参与者展示两罐饼干，一罐装满了饼干，另一罐只有少量饼干。结果发现，参与者更偏好那些数量较少的饼干，这表明稀缺性和限制使得物品更具吸引力，这也是心理抗拒的具体表现之一。

心理抗拒理论的实际应用

1. **市场营销与广告**：心理抗拒理论被广泛应用于市场营销中。许多品牌通过"限时促销""数量有限"的广告策略来激发消费者的购买欲望。这些策略利用了消费者对选择自由受限的抗拒心理，使他们更加急于购买商品。

2. **健康宣传与公共政策**：在公共健康领域，心理抗拒理论也有重要的启示。例如，一些反吸烟广告采取了过于强硬和命令式的口吻，反而可能引发吸烟者的反感和抵抗，降低其对戒烟的接受度。因此，健康宣传应该避免直接限制个体的选择，而是通过提供信息和支持来促进自主决策。

3. **家庭教育**：在家庭教育中，父母对孩子的严格控制往往会引发孩子的反抗心理。心理抗拒理论提醒父母，过度的命令和限制只会适得其反，导致孩子逆反行为的增加。因此，家庭教育中应注重给予孩子适当的自主权，减少不必要的限制，从而促进孩子的积极发展。

如何管理心理抗拒

1. **提供选择**：为了减少心理抗拒，重要的是给个体提供多种选择，而不是强制他们只能做某一件事。提供选择能让个体感到他们的自由得到了尊重，从而降低抗拒感。

2. **减少命令式语言**：在沟通中，尤其是在涉及行为改变时，尽量避免使用命令式的语言，而是通过解释和建议的方式来引导个体。例如，在健康倡导中，与其说"你必须戒烟"，不如说"戒烟可以帮助你获得更健康的生活"。

3. **强调行为的积极意义**：通过强调某种行为对个人积极的影响，而不是直接指出其消极后果，能够有效减少心理抗拒。例如，鼓励孩子学习时，可以强调学习带来的快乐和成就感，而不是只强调学习不好会带来的惩罚。

心理学视角下的心理抗拒理论

心理抗拒理论为我们理解人类对自由和自主选择的强烈需求提供了科学依据。它表明，限制往往会引发反抗，而给予自由则能带来更好的合作和行为改变。通过理解心理抗拒的机制，我们可以在生活和工作中更好地管理与他人的互动，减少由于不合理限制而导致的抵抗情绪和逆反行为。

心理抗拒不仅仅是一种抵抗外部压力的心理反应，它也是个体对自主权的保护和维护。理解这一心理机制可以帮助我们在沟通、教育、市场营销和政策制定中，采取更加尊重个体自由的方式，从而减少抵抗、增强合作，最终实现更好的行为改变和目标达成。

POINT
72

超我：
心理结构的内在道德

超我（Super-Ego）是精神分析理论中的重要组成部分，由精神分析学家西格蒙德·弗洛伊德（Sigmund Freud）提出，用来描述个体内部的道德和伦理标准。超我代表了个体对社会和父母的期望、价值观和道德标准的内化，是对自我行为进行评判和控制的内在力量。弗洛伊德认为，人的心理结构由本我（Id）、自我（Ego）和超我三部分组成，超我是负责维持社会秩序的"道德守卫"。

理论背景与提出过程

在20世纪初，弗洛伊德通过对精神病人的观察，提出了关于人格的结构理论。他认为，人的行为不仅受到潜意识的欲望（本我）的驱动，还受到社会规则和道德标准（超我）的影响。超我在个体的成长过程中，通过内化父母、老师和社会的价值观形成，代表了理想的自我形象及对自己行为的道德判断。

超我由两部分组成：良心（Conscience）和自我理想（Ego-Ideal）。良心是关于什么行为是错误的、应受惩罚的，而自我理想则代表个体希望达到的标准和目标。超我通过内在化这些道德标准，帮助个体在社会中行为合乎规范，并对自己和他人行为进行道德评判。

超我的核心作用

1. 道德评判：超我是个体道德意识的来源，它使人们能够区分正确与错误。超我不断地对自我进行监督和评判，确保个体的行为符合社会道德和伦理标准。

2. 抑制本能欲望：超我起着抑制本我本能欲望的作用。本我充满了无意识的欲望和冲动，超我则通过道德判断来约束这些欲望，从而维持个体的社会适应性。例如，超我会让人们抑制自私或攻击性的冲动，以便能够与他人和谐相处。

3. 形成内在冲突：超我与本我和自我之间的冲突是人类心理活动的重要来源。当个体的欲望与道德标准发生冲突时，超我会使人产生内疚或羞耻感。这种内在冲突常常导致心理紧张，促使个体寻找道德和欲望之间的平衡。

经典实验与研究

超我的理论主要来自弗洛伊德对患者的精神分析和对人类行为的观察。虽然没有具体的实验直接验证超我的存在，但它作为一种理论框架，对心理学和精神分析的发展产生了深远的影响。超我的概念帮助解释了人类行为中道德约束和内疚感的来源，以及个体如何在社会规范与个人欲望之间寻求平衡。

超我的实际应用

1. 心理治疗中：在心理治疗中，超我常常是治疗师帮助患者认识自己内在道德标准和行为抑制的重要部分。超我过于强大的人，可能对自己过于苛责，容易产生内疚感和自我批评。通过对超我的意识化，治疗师可以帮助患者学会更好地理解和接纳自己，从而减轻内在的道德压力。

2. 儿童教育：超我的发展与儿童成长过程中父母和教师的教育密切相关。通过教导孩子什么是对的、什么是错的，父母和老师帮助他们建立超我，并逐渐内化这些道德标准。健康的超我有助于孩子在成长过程中形成正确的价值观和行为规范。

3. 社会规范的维持：超我也在社会规范的维持中发挥作用。当个体行为符合社会期望时，超我会给予正向的情感体验，如自豪感和成就感；而当个体行为违背道德标准时，超我则会引发内疚和羞耻，从而对行为进行调节。超我的存在使得人类能够更好地在社会中共存，维持社会的秩序和稳定。

心理学视角下的超我

超我是人类社会化过程中的产物，是对个体行为进行道德判断的重要心理结构。它的存在使得人类能够遵循社会规范，抑制不符合道德的冲动，从而保持人际关系的和谐和社会的稳定。然而，过于强大的超我也可能导致个体对自己过于苛责，从而引发焦虑和抑郁等心理问题。因此，理解超我的作用，并学会在道德标准和个人需求之间找到平衡，是心理健康的重要一环。

通过理解超我，我们可以更好地理解自己的内在道德驱动力，以及如何在面对欲望和道德标准的冲突时做出合适的决定。超我的存在帮助我们成为更具社会适应性和道德感的人，但同时也需要警惕其对个人心理自由的过度压抑，从而在生活中找到健康的平衡。

POINT
73
分离焦虑：
离别引发的情绪困扰

　　分离焦虑（Separation Anxiety）是一种在与依恋对象分离时所产生的极度焦虑和恐惧感，最常见于儿童与主要照护者（如父母）之间，但在成年期也可能出现。分离焦虑是正常发展的组成部分，通常在幼儿期达到高峰。若持续时间过长或程度过于严重，就可能发展为分离焦虑障碍。

理论背景与提出过程

　　分离焦虑的概念来源于对依恋关系的研究，特别是约翰·鲍比（John Bowlby）的依恋理论。鲍比认为，儿童与主要照护者之间的依恋关系是个体社会和情感发展的基础。在儿童早期阶段，主要照护者的存在为儿童提供了安全感。当这种依恋关系被打破或中断时，儿童可能会表现出明显的焦虑和不安，这就是分离焦虑。

　　鲍比的依恋理论强调了儿童在情感上对照护者的依赖性，这种依恋在帮助儿童适应外界环境和建立社会联系方面起到了关键作用。因此，分离焦虑被视为儿童正常成长过程中的一个阶段。然而，如果这种焦虑情绪过于频繁和严重，可能会影响儿童的日常生活和心理健康。

分离焦虑的特征与表现

1. 情绪反应强烈：分离焦虑的主要表现是个体在与依恋对象分离时产生强烈情绪反应，例如哭闹、极度悲伤、害怕、易怒等。对于儿童来说，这种情绪通常表现为对父母离开的强烈反抗和对离别的恐惧。

2. 对分离的过度担忧：患有分离焦虑的人常常会对分离本身以及可能发生的意外灾难感到过度担忧。例如，儿童可能会担心父母在分开期间遭遇意外而无法回来，成人则可能对伴侣或亲人的安危充满不合理的担忧。

3. 回避行为：为了避免分离带来的焦虑，个体可能表现出强烈的回避行为，例如拒绝上学、拒绝独自睡觉，或者要求依恋对象随时陪伴等。

经典实验与研究

艾因斯沃斯的陌生情境实验（Strange Situation Experiment）是研究儿童依恋关系和分离焦虑的经典实验之一。在这一实验中，心理学家玛丽·艾因斯沃斯（Mary Ainsworth）观察了 12-18 个月大的儿童在与母亲短暂分离并重新团聚时的反应。实验结果表明，不同类型的依恋模式对儿童的分离焦虑程度产生了显著影响。例如，安全依恋的儿童在母亲离开时表现出短暂的焦虑，但母亲返回后迅速平静；而焦虑型依恋的儿童则在母亲离开时表现出强烈的焦虑情绪，且在母亲返回后仍难以安抚。

分离焦虑的成因

1. 遗传与个性因素：研究表明，遗传因素和个体的气质对分离焦虑的发生具有一定的影响。例如，天性敏感和内向的儿童更容易产生分离焦虑。

2. 依恋关系的质量：依恋关系的质量是影响分离焦虑的重要因素。如果父母对儿童的需求反应敏感并能够提供稳定的支持，儿童通常会建立安全的依恋，分离焦虑的程度也相对较轻。而那些依恋关系不稳定的儿童往往会表现出更强烈的分离焦虑。

3. 环境变化与应激事件：环境的变化，例如搬家、父母离婚、亲人去世等应激事件，也可能加剧分离焦虑的发生。儿童在适应这些变化时，容易表现出对依恋对象更强的依赖性和分离时的焦虑反应。

分离焦虑的实际应用与应对策略

1. 儿童心理干预：对于儿童的分离焦虑，父母可以采取一些干预措施，例如逐步增加孩子独立的时间，鼓励他们参与集体活动，培养其自信心和独立性。通过逐步适应分离，儿童可以逐渐降低对依恋对象的依赖感，减少焦虑情绪。

2. 认知行为疗法（CBT）：对于严重的分离焦虑，认知行为疗法被认为是有效的治疗方法。CBT帮助患者识别和挑战与分离相关的不合理认知，逐步降低焦虑水平。例如，通过暴露疗法逐渐增加个体与依恋对象分离的时间，以减轻对分离的恐惧感。

3. 家长教育与支持：家长在应对儿童分离焦虑方面起着至关重要的作用。家长应保持冷静和稳定，避免在离别时表现出过度的焦虑或不安。此外，家长应通过积极的沟通和情感支持，让孩子感受到安全和关爱，这有助于减轻他们的焦虑情绪。

心理学视角下的分离焦虑

分离焦虑是儿童正常发展过程中的一部分，它反映了儿童对依恋对象的依赖和情感纽带。然而，当分离焦虑发展为影响正常生活的分离焦虑障碍时，就需要进行适当的干预和治疗。从心理学的角度来看，建立安全的依恋关系、为儿童提供情感支持及帮助他们逐步适应分离，是减轻分离焦虑的关键。

理解分离焦虑的成因和应对策略，可以帮助父母、教师和心理健康从业者更好地支持那些经历分离焦虑的儿童和成人，帮助他们在面对分离时感到更加从容和有安全感。通过适当的教育和干预，个体可以逐渐学会适应分离，并在与他人的关系中找到健康的平衡。

POINT
74

自尊：
影响自我评价的心理因素

自尊（Self-esteem）是个体对自身价值的总体评价，是自我概念的重要组成部分。自尊的高低直接影响人们的心理健康、行为表现和社会交往能力。它可以是正面（高自尊）或负面（低自尊）的评价，并且与个体的成长经历、社会环境、文化背景等多种因素密切相关。

理论背景与提出过程

自尊的概念在心理学中已有数百年的研究历史。心理学家威廉·詹姆斯（William James）是早期对自尊进行探讨的重要人物之一。他将自尊定义为"成功期望与理想成就的比值"，即个体通过比较自己目前的成就与期望值来评估自身的价值。

20世纪中期，社会心理学家罗森伯格（Morris Rosenberg）进一步发展了自尊的概念，并设计了著名的"罗森伯格自尊量表"（Rosenberg Self-esteem Scale），用于衡量个体的自尊水平。罗森伯格的研究表明，自尊是动态的，可以受到外界影响而波动，这使自尊成为心理学领域的重要研究主题。

自尊的主要特征

1. **自我评价的稳定性**：自尊水平的高低与个体对自己的整体评价密切相关。高自尊的人通常对自己有较为稳定的积极评价，他们倾向于认为自己有能力应对生活中的各种挑战。而低自尊的人则倾向于对自己持负面评价，常常对自己感到不满，认为自己不如他人。

2. **依赖于外部反馈**：自尊不仅受到个人成就的影响，还受到外部社会环境和他人反馈的影响。例如，当个体在社交情境中受到他人的赞赏或批评时，其自尊水平可能会相应变化。

3. **动态性**：自尊并不是一成不变的，而是会随着个体的成长经历和环境变化而波动。例如，儿童时期父母的教育方式对个体自尊的建立有着重要影响，鼓励式的教育更有利于培养高自尊，而过多的批评和责备则可能导致低自尊。

经典实验与研究

罗森伯格的自尊量表是衡量个体自尊的重要工具，它包含了 10 个关于个体自我感受的问题，通过回答这些问题可以对自尊水平进行评估。该量表被广泛应用于心理学研究和实践中，用以了解不同群体自尊的差异及其影响因素。

20 世纪 70 年代，心理学家科利（Charles Cooley）提出了"镜中自我"（Looking-glass Self）的概念，进一步解释了自尊的来源。他认为，人们的自尊是通过与他人的互动形成的，个体对外部评价的感知影响了自我评价的形成。例如，如果一个人不断得到他人的肯定和认可，那么他的自尊水平往往会更高；相反，如果长期受到批评和否定，则可能导致低自尊。

自尊的实际应用

1. **心理健康**：自尊水平与心理健康密切相关。研究表明，高自尊有助于降低焦虑、抑郁和其他负面情绪的发生率，并且在面对压力时更具有心理弹性。因此，提升自尊是心理咨询和治疗的重要目标之一。

2. **青少年教育**：在青少年阶段，培养健康的自尊对于个体的发展至关重要。教师和家长可以通过积极的反馈、鼓励和支持来帮助青少年建立自尊，促进他们的学业表现和社会适应能力。例如，学校可以通过表扬学生的努力和进步来提升他们的自尊，而不仅仅是关注成绩。

3. **职业发展**：在职场中，自尊水平影响着员工的工作表现和职业发展。高自尊的员工更有可能积极主动地承担责任，展现出创新能力和团队合作精神。因此，管理者应重视员工的心理需求，提供积极的反馈和支持，帮助他们建立和维持高自尊。

如何提升自尊

1. **设定可实现的目标**：通过设立现实可行的目标，并在每次实现目标后给予自己积极的认可，可以有效提升自尊。不断积累的成功经验会让个体对自己的能力充满信心。

2. **减少对外部评价的依赖**：虽然外部的肯定是提升自尊的重要途径，但过度依赖他人的评价可能会使个体容易受外界的影响。因此，学会建立内在的价值观和评价标准，减少对外部反馈的依赖，是提升自尊的关键。

3. **自我接纳**：学会接受自己的不足和不完美，是提升自尊的重要步骤。每个人都有优缺点，通过接纳自己并关注自己的积极面，可以逐渐建立起健康的自我评价。

心理学视角下的自尊

自尊的研究为我们理解人类行为和心理健康提供了重要的视角。高自尊不仅有助于个体在面对挑战时保持积极态度，还能增强他们在社会交往中的信心和能力。而低自尊则可能导致自我怀疑、焦虑和社会退缩。因此，理解和培养健康的自尊水平对于个人的心理发展和社会适应至关重要。

通过理解自尊的来源和特征，我们可以在生活中采取有效措施，帮助自己和他人建立积极的自我评价。这不仅有助于提高个人的生活质量，也能促进社会关系的和谐发展。

POINT
── 75 ──
矛盾意向：
双重态度与心理冲突

矛盾意向（Ambivalence）是指个体对同一事物同时持有相互对立的态度或情感。这种心理状态在日常生活中非常普遍。例如在面对重要的决策时，我们可能同时感到兴奋和焦虑，或者在面对一个人时，既喜欢他的某些特质，又对他感到不满。矛盾意向反映了人类情感和认知的复杂性，以及在面对多样选择时内心的冲突。

理论背景与提出过程

矛盾意向的概念最早由瑞士心理学家欧仁·布洛伊勒（Eugen Bleuler）提出，用于描述精神分裂症患者的矛盾行为。但这一概念后来被广泛应用于一般心理学领域，描述所有人类在特定情况下可能体验到的内心冲突和态度不一致。

心理学家认为，矛盾意向是一种源自人类内心深处的自然状态，因为我们对世界的理解和感知往往充满了不确定性。随着个体面临选择的增加，特别是在复杂的社会和人际情境中，矛盾意向的体验也会更加明显。

矛盾意向的特征

1. 双重情感：矛盾意向的一个显著特征是对同一事物同时持有积极和消极的情感。例如，在进入一段新的恋爱关系时，个体可能既感受到对对方的吸引，又害怕自己会被伤害，这种双重情感就体现了矛盾意向。

2. 态度冲突：矛盾意向不仅表现在情感上，还体现在态度的冲突上。例如，一个人可能既希望保持独立，又渴望得到亲密关系的支持，这种态度上的矛盾会导致个体在行为选择上表现出犹豫不决。

3. 决策困难：当个体处于矛盾意向状态时，常常会在做出决策时感到困难。这是因为两种对立的情感或态度会相互影响，使得个体难以明确选择某一种行动方案，从而导致延迟或回避决策。

经典实验与研究

心理学家利昂·费斯廷格（Leon Festinger）提出的认知失调理论与矛盾意向紧密相关。认知失调是指个体在持有相互冲突的信念、态度或行为时产生的不舒适感，这种不适感会驱使个体通过调整认知来减少矛盾。而矛盾意向则是这种认知失调的来源之一，因为个体在同时持有对立的态度时，内心的不一致会导致情绪上的不适。

在费斯廷格的经典实验中，参与者被要求完成一个无聊的任务并向其他人谎称任务有趣。结果发现，当被付较少报酬时，参与者倾向于调整自己的态度以减少内心的认知失调，这反映了矛盾意向对态度变化的影响。

矛盾意向的实际应用

1. 心理咨询与治疗：在心理咨询中，矛盾意向是非常常见的现象，特别是在面对改变时。例如，一个有吸烟习惯的个体可能同时希望戒烟以改善健康，但又因为担心戒烟过程中的痛苦而犹豫不决。咨询师可以通过动机性访谈（Motivational Interviewing）帮助个体探索和理解其矛盾意向，逐步增强其改变行为的动机。

2. 市场营销与消费者行为：矛盾意向在市场营销中也有重要的应用。例如，消费者在购买高价商品时，可能既渴望获得该商品提供的优越服务体验，又担心价格过高会影响个人经济状况。营销人员可以通过提供更多的信息、优惠折扣等方式减少消费者的矛盾意向，从而促成购买行为。

3. 人际关系管理：在日常生活中，人们在处理人际关系时也常常会感受到矛盾意向。例如，一个人可能既希望与朋友保持紧密的联系，又感到需要个人空间。这种矛盾意向如果没有得到适当的管理，可能会导致关系中的紧张和冲突。因此，学习如何表达自己的需求、理解他人的情感，可以帮助人们更好地管理矛盾意向，维持健康的人际关系。

心理学视角下的矛盾意向

矛盾意向是人类心理活动中的一种普遍现象，反映了我们在面对复杂和不确定情境时的内心冲突。通过理解矛盾意向，我们可以更加包容地看待自己和他人的情绪波动，认识到这种双重态度并不是缺陷，而是人类复杂性的体现。

心理学家认为，学会接受矛盾意向，并在矛盾中找到平衡，是心理成熟的重要标志之一。通过与矛盾共处，个体能够更好地理解自己的内在需求，并在面对决策时更加自信和坚定。

POINT
76
心理契约：
组织中的隐性期望

心理契约（Psychological Contract）是指员工与组织之间未明文规定但普遍存在的隐性期望和承诺。这个概念最早由管理学家克里斯·阿吉里斯（Chris Argyris）在 20 世纪 60 年代提出，随后得到了丹尼斯·卢梭（Denise Rousseau）等人的进一步发展和完善。心理契约强调了员工在组织中的"非正式"义务和期望，虽然不写入正式的劳动合同，但却深刻影响着组织行为、工作满意度和员工的组织承诺。

理论背景与提出过程

心理契约的提出是基于对工作关系的深度理解。在正式的劳动合同之外，员工往往还对雇主有许多隐性的期待，例如工作安全感、职业发展机会、对工作付出的认可等。阿吉里斯首次描述了这些隐性期望，认为它们对员工的态度和行为有着深远的影响。

在 20 世纪 80 年代，丹尼斯·卢梭进一步完善了心理契约的概念，并将其应用于组织行为学中。她提出，心理契约包含了员工对组织的期望及组织对员工的承诺，尤其是在雇佣关系中的非正式承诺，例如提供公平的对待、发展机会和工作支持等。

心理契约的主要特征

1. 非正式性：心理契约是隐性的，不同于法律合同中的正式条款。它涉及情感和心理层面的期望，例如员工期望被尊重、获得职业发展，组织则希望员工忠诚、积极投入工作。

2. 双向性：心理契约是双向的，既包括员工对组织的期待，也包括组织对员工的期待。这种双向关系决定了雇佣关系的质量和员工的工作态度。

3. 动态性：心理契约是动态的，会随着时间、组织环境和个人经历的变化而改变。例如，员工可能在职业生涯早期更重视职业发展机会，而在后期则更重视工作稳定性和生活质量。

经典实验与研究

丹尼斯·卢梭的研究揭示了心理契约对组织中雇佣关系的深远影响。例如，他发现，当员工感受到心理契约被违反时，会导致工作满意度下降、忠诚度减弱，甚至出现主动离职行为。这些研究结果表明，心理契约是员工与组织关系中的一个关键因素，能显著影响组织的绩效和员工的行为表现。

卢梭等人的实证研究还发现，心理契约的有效管理可以提升员工的敬业度。例如，组织通过提供清晰的职业发展路径、良好的工作环境和支持性的管理文化，可以增强员工对组织的信任感和归属感，进而提升工作绩效。

心理契约的实际应用

1. 人力资源管理：心理契约在人力资源管理中有着重要的应用。组织在招聘过程中需要注意候选人的期望管理，确保在入职前对工作条件、发展机会等方面进行清晰的沟通，以避免员工对组织形成过高或不切实际的心理期待。

2. 员工关系维护：通过定期与员工进行沟通，了解他们对工作的期待和感受，组织可以及时调整管理策略，避免心理契约的破裂。例如，组织可以通过调查问卷、员工会议等方式了解员工的心理需求，从而采取相应的措施来满足他们的期望。

3. 职业发展与激励：心理契约还可以帮助组织在职业发展与激励过程中与员工达成默契。通过明确职业发展路径和提供成长机会，组织可以提高员工的忠诚度和工作满意度。这种隐性的承诺让员工感到被重视，从而更加投入地为组织做出贡献。

心理学视角下的心理契约

心理契约不仅影响员工的工作行为和态度，还深刻影响组织文化和管理实践。从心理学的角度看，心理契约是一种基于信任和公平感的关系。员工期望组织给予他们尊重、公平的对待及成长的机会，而组织则希望员工投入、忠诚和高效。心理契约的平衡是维系健康雇佣关系的关键，一旦这种契约被打破，可能会导致员工的士气低落和生产力下降。

通过理解心理契约的作用，组织可以更好地管理员工的期望，避免因隐性承诺未兑现而导致的不满和人员流失。同时，员工也可以通过明确自身的期望，与组织建立更开放的沟通渠道，确保双方的需求得到平衡和满足。心理契约的有效管理不仅能提高员工的满意度和忠诚度，还有助于组织在竞争激烈的市场中保持优势。

POINT
77

移情：
感受他人情感的能力

移情（Transference），也称为共情，是指个体通过理解他人的情感和立场，设身处地地体验他人的感觉。移情不仅是一种情感反应，更是人类社会交往中非常重要的心理机制，它使我们能够理解并关怀他人，是形成和谐人际关系和建立社会纽带的基础。

理论背景与提出过程

移情这一概念最早由德国心理学家西奥多·利普斯（Theodor Lipps）在 19 世纪末提出，他将移情描述为一种"内心模仿"的过程，即个体通过在自己身上体验他人的情绪，理解对方的情感状态。后来，心理学家卡尔·罗杰斯（Carl Rogers）在 20 世纪中期进一步发展了这一概念，强调移情在心理治疗中的重要性。罗杰斯认为，移情是心理治疗师与来访者建立信任和理解的重要桥梁，通过移情，治疗师可以深入理解来访者的内心世界，从而提供有效的帮助。

移情的主要类型

1. 情感移情:情感移情是指个体对他人情绪的直接反应,这种反应可能表现为对他人痛苦的感同身受。例如,当我们看到他人受到伤害时,我们可能会感到难过和痛苦,这是情感移情的典型表现。

2. 认知移情:认知移情则是指理解他人的情感和观点,而不一定体验到相同的情绪。这种类型的移情更多地依赖于对他人情绪和行为的理解,例如,一名律师可能在法庭上通过理解当事人的动机和情绪,帮助他们更好地表达立场。

3. 同情:同情与移情有所不同,它指的是个体对他人情感的关注和关怀,但不一定对其情感有深入的理解或体验。与移情不同,同情更注重提供帮助和支持,而不一定完全感受他人的情绪。

经典实验与研究

20世纪60年代,心理学家斯坦利·米尔格拉姆(Stanley Milgram)通过一系列实验,间接揭示了移情的力量。在他著名的服从实验中,许多参与者在施加电击时对"受试者"的痛苦表现出强烈的不适和抗拒,这些反应说明了人们在面对他人痛苦时,会产生移情,从而不愿继续对他人造成伤害。

此外,功能性磁共振成像(fMRI)研究表明,当个体看到他人受到痛苦时,大脑中与情感处理有关的区域,例如前扣带回和岛叶,会被激活。这些发现表明,移情不仅是心理上的反应,也有其生理基础,是大脑神经机制的一部分。

移情的实际应用

1. **心理治疗**：在心理治疗中，移情是建立信任和理解的关键。治疗师通过移情，能够更好地理解来访者的情绪和需求，从而为他们提供有效的支持和指导。例如，一名心理咨询师在来访者倾诉时，通过共情其痛苦，来帮助对方感觉被理解和支持，从而促进心理康复。

2. **教育与家庭**：移情在教育和家庭中同样重要。教师通过对学生情感的理解，可以更好地满足学生的情感需求，帮助他们在课堂上感受到支持和安全感。而父母在与孩子互动时，移情可以帮助他们理解孩子的情绪和行为，从而更好地引导孩子的成长。

3. **工作场所与领导力**：在职场中，具有移情能力的领导者更能够理解员工的需求和困难，从而激发员工的工作积极性。例如，一个移情能力强的领导者会在员工遇到困难时提供支持，帮助员工渡过难关，并因此赢得员工的信任。

如何培养移情能力

1. **积极倾听**：培养移情能力的重要一步是学会积极倾听，即全神贯注地倾听对方的表述，而不是只顾着回应。通过积极倾听，我们可以更深入地理解对方的情感和观点。

2. **情感表达与认同**：在对话中适当表达对对方情感的认同，可以帮助建立移情的桥梁。例如，当对方分享其难过的经历时，可以通过表示理解和关心来让对方感受到自己的情绪被重视。

3. **角色扮演**：尝试换位思考和角色扮演，也可以有效地培养移情能力。通过站在他人的角度看问题，我们可以更好地理解对方的情感和立场。

心理学视角下的移情

移情是社会关系的润滑剂,帮助我们在生活中与他人建立深厚的情感联系。它不仅有助于理解和关怀他人,还在减少冲突、增加合作中起到了至关重要的作用。心理学研究表明,移情的缺失可能导致个体在人际交往中出现冷漠和孤立,甚至可能引发反社会行为。因此,培养和增强移情能力对于个人心理健康和社会和谐至关重要。

通过理解移情的机制,我们可以更加开放包容地看待他人的情感和行为,从而在家庭、职场和社会中建立更积极和富有同理心的人际关系。

人格面具：隐藏真实自我的社会面貌

人格面具（Persona）是由瑞士心理学家卡尔·荣格（Carl Jung）提出的概念，指的是个体在社会生活中为了适应环境和他人期望而表现出来的"社会面具"。这种面具帮助我们在不同的社会情境中扮演特定的角色，使我们与他人互动更加顺利。然而，过度依赖人格面具可能会导致个体与真实自我的疏离。

理论背景与提出过程

人格面具的概念最早出现在荣格对个体心理结构的研究中。荣格认为，人格面具是一种自我保护机制，是个体与外部世界之间的桥梁。在古希腊戏剧中，"Persona"是演员所佩戴的面具，用以呈现某个角色，这一术语后来被荣格引申为个体在社会中扮演的角色和形象。

在荣格的观点中，人格面具是适应社会的必要工具。它帮助我们在不同的社交情境中表现得恰如其分，例如在工作场所表现得专业、在家庭中表现得关心。然而，如果一个人过于依赖人格面具而忽视自己的内在需求，就可能陷入迷失自我的困境。

人格面具的特征

1. **社交适应工具**：人格面具是我们与外部世界互动时展示的一种"面貌"。通过它，我们可以表现出符合社会期望的行为，以便更好地融入群体。例如，在一个严肃的会议中，我们可能会表现得非常正式，而在朋友聚会时则更加轻松。

2. **角色扮演**：人格面具让我们在不同的情境中扮演不同的角色。每个人在人生中都会扮演多个角色，例如员工、父母、朋友等。通过这些角色的切换，我们可以适应不同的社会要求和期望。

3. **可能导致自我迷失**：尽管人格面具在社交中具有积极作用，但如果一个人总是隐藏自己的真实情感和需求，长期佩戴"面具"，会导致内心的压抑和自我迷失。个体可能会逐渐失去对自己真实感受和需求的觉察，形成一种"被社会定义"的自我。

经典实验与研究

虽然人格面具的概念来源于荣格的心理学理论，而不是具体的实验，但它在许多心理学研究和案例分析中得到了体现。心理学家厄温·戈夫曼（Erving Goffman）提出的"戏剧理论"与人格面具有着相似的观点，他认为人们在社交生活中，如同演员在舞台上，表演不同的角色，展示给他人看到的往往是经过精心修饰的形象。

通过对人们在不同社交情境中的行为进行观察，戈夫曼发现个体会根据不同的社交期待调整自己的表现，形成不同的人格面具。这种行为帮助我们更好地应对社会的复杂性，但也可能增加心理压力，尤其是当真实自我与所扮演的角色之间存在冲突时。

人格面具的实际应用

1. **心理咨询与自我探索**：在心理咨询中，咨询师会鼓励来访者卸下自己的"面具"，接触内在的真实情感和需求。了解人格面具如何影响个人的行为和情感，有助于个体更好地认识自我，并寻找到内心的平衡。例如，一些人在工作中表现得非常自信，但在面对亲密关系时却感到不安，通过理解这些不同的"面具"，可以更深入地了解自我。

2. **职场中的角色管理**：人格面具在职场中有着广泛的应用。例如，领导者在面对员工时需要表现得权威而决断，这是一种职业角色所需的面具。然而，成功的领导者不仅仅依赖面具，还需要有能力在不同情境中展现出人性化和真实的一面，以赢得员工的信任。

3. **社交媒体与人格面具**：在社交媒体上，人们往往会展示自己的"理想化"形象，而隐藏生活中的困扰和挑战，这是一种现代社会中的人格面具。长期维持这种完美形象可能会导致情绪困扰，因为个体需要不断地满足自我和他人对这一形象的高期待，难以表达真实的自我。

心理学视角下的人格面具

人格面具的存在是社会生活中的普遍现象，也是心理健康的重要考量因素。通过理解人格面具的形成原因和影响，我们可以更好地认识到自己在不同社会情境中的行为模式，从而找到真实自我和社会角色之间的平衡。

人格面具帮助我们顺利适应社交，但同时也可能成为束缚自我的屏障。因此，了解并学会在必要时卸下面具，真实地面对自己和他人，是心理成长和自我实现的重要一步。通过这种方式，我们不仅可以在社会中更加从容地扮演不同的角色，也能在内心找到更多的平静和满足。

POINT 79

社会助长效应：
群体环境如何提升表现

社会助长效应（Social Facilitation）是指在他人旁观或群体环境中，个体的行为表现会有所提升的现象。最早由心理学家诺曼·特里普利特（Norman Triplett）于 1898 年提出，这一效应揭示了群体的存在对个人行为的显著影响，尤其是对于熟练或简单任务，群体的关注往往会激发个体更好的表现。

理论背景与提出过程

社会助长效应最早由特里普利特通过对自行车比赛选手的观察得出。他发现，选手们在与他人一同骑行时，表现明显优于单独骑行。这一现象促使他进行了一项实验，他让孩子们以绕线器为工具进行绕线任务，发现当这些孩子与其他人一同操作时，绕线速度显著快于独自一人时的表现。

后来，心理学家罗伯特·扎永茨（Robert Zajonc）通过实验进一步阐述了社会助长效应的机制。他提出，当个体进行简单或熟练的任务时，他人的在场会提高表现，因为这种场合激发了个体的动机水平。而在复杂或不熟练的任务中，他人的在场可能反而会导致表现的下降，这是由于焦虑感的增加干扰了任务执行。

社会助长效应的影响因素

1. 任务的熟练程度：任务的熟练程度是社会助长效应影响的重要因素之一。当任务对个体来说是熟练掌握的或者非常简单时，他人的在场会激发个体更高的表现动机，从而提高效率。然而，如果任务难度较高且个体缺乏经验，那么他人的在场可能会增加个体的紧张感，导致表现下降。

2. 观众的性质：观众的性质也会对社会助长效应产生影响。如果观众是支持性的（如家人或朋友），个体通常会感到激励和鼓励，从而表现更好；而如果观众是批评性的或陌生人，则可能带来压力和紧张，影响表现。

3. 个体的性格特点：内向型和外向型个体在面对社会助长效应时也有不同的反应。外向型个体更倾向于在社交情境中表现出色，而内向型个体则可能更容易受到群体在场的干扰，导致表现变差。

经典实验与研究

扎永茨在其实验中使用蟑螂作为被试，以检验社会助长效应。他让蟑螂通过一个简单的直线通道或复杂的迷宫。在简单的直线通道任务中，蟑螂在其他蟑螂的围观下更快完成任务；而在复杂的迷宫中，它们的表现反而变差。实验结果表明，社会助长效应与任务的复杂性有着密切的关系。

另一个著名的研究由拉塔内（Latane）和他的同事们进行。他们研究了个体在团队活动中的表现，发现当团队规模增大时，个体的责任感可能会下降，导致表现的削弱（即"社会惰化"现象），这与社会助长效应形成了对比，表明在某些情况下，群体的存在并不总是能带来表现的提高。

社会助长效应的实际应用

1. 体育竞技：社会助长效应在体育竞技中表现得尤为明显。运动员在比赛场上，面对观众的欢呼和鼓励，往往会激发出更好的表现，这也是为什么主场优势通常对比赛结果具有积极影响。

2. 工作场所：在职场中，团队任务和公开演讲等情境下，员工通常会受到社会助长效应的影响，尤其是在熟练掌握某项任务时，他们在团队或观众面前的表现往往优于单独工作时。因此，企业可以通过团队合作和任务公开的方式来激发员工的动机和表现。

3. 教育领域：在教育环境中，社会助长效应也可以通过小组学习或课堂展示来提升学生的表现。当学生在同伴面前展示时，他们通常会更加专注并力求表现最佳。这种效应的利用可以帮助教师更好地激发学生的学习积极性。

心理学视角下的社会助长效应

社会助长效应揭示了人类行为受社会环境影响的深刻性。群体的在场会激发个体的动机，促使他们在简单或熟悉的任务中表现得更好，但也可能因压力而在复杂任务中表现不佳。因此，理解社会助长效应可以帮助我们更好地管理自己的表现和情绪，尤其是在公众场合或竞争性情境中。

通过合理利用社会助长效应，我们可以在教育、职场和体育等各个领域中提高表现。例如，在面对熟练的任务时，可以选择在群体环境中进行，以激发表现的最大潜力；而在面对复杂或尚未掌握的任务时，可能更适合在私人环境中练习，以减少因压力而导致的表现下降。

POINT 80
情绪劳动：工作场所中的情感管理

情绪劳动（Emotional Labor）由社会学家阿琳·霍克希尔德（Arlie Hochschild）于1983年在其著作《管理心灵：人类情感的商品化》中提出，描述了人们在工作中对情感的管理和调节，以符合岗位或组织对情绪表达的要求的现象。情绪劳动特别常见于服务行业，要求员工在面对客户时展现积极、友好和热情的态度，即便在内心感到压力或不满的情况下。

理论背景与提出过程

霍克希尔德通过对空乘人员的深入研究，发现了情绪劳动的普遍存在。在飞行过程中，空乘人员不仅要提供实际的服务，还需要不断微笑、表现出友善与耐心，以确保乘客感到舒适和愉快。即使在面对挑剔或不礼貌的乘客时，他们仍然必须表现得专业且愉快。情绪劳动这一概念因此应运而生，用来描述工作中对于情感的调节和管理，以符合职业的社会期望。

情绪劳动不仅局限于服务行业，还广泛存在于教育、医疗、零售等需要与他人频繁互动的工作场所。员工需要通过"表层演出"或"深层演出"来调节情绪——表层演出指的是通过外在表现来掩盖内心的真实情绪，而深层演出则是通过调整自己的内心状态以体验要求的情感。

情绪劳动的类型

1. 表层演出（Surface Acting）：表层演出是指员工在工作中通过调整面部表情、声调等外在表现来掩饰真实的情绪，例如在心情糟糕时强颜欢笑等。表层演出虽然可以短期内达到组织的要求，但容易导致情感不一致，进而引发情绪疲劳和倦怠。

2. 深层演出（Deep Acting）：深层演出涉及员工对内在情绪的主动调节，使自己的情感状态符合工作要求。例如，护士在面对病患时，通过改变内心的认知和同理心，真正地关心患者，从而表现出符合职业要求的情感。

情绪劳动的影响

1. 积极影响：情绪劳动可以帮助员工更好地完成工作，尤其是在需要直接面对客户的岗位上。通过管理和调整情绪，员工能够为客户提供更好的服务体验，进而提升客户的满意度和企业的形象。

2. 消极影响：情绪劳动也可能对员工的心理健康产生负面影响。长期的表层演出容易导致"情感耗竭"，使员工感到精疲力尽、缺乏成就感，甚至导致倦怠感。研究发现，情绪劳动与心理压力、抑郁等问题有显著相关性，特别是在那些缺乏情绪支持和自主权的工作环境中。

经典研究与实验

霍克希尔德的研究最早集中于空乘人员的情绪劳动，但后来，这一理论被应用于其他服务行业和帮助职业。研究表明，那些从事高强度情绪劳动的职业（如客服、医疗人员等）通常需要面临更高的心理压力，他们需要不断调整自己的情绪以符合职业要求，但长期下来可能会感到情感疲劳和倦怠。

在一项关于护理人员的研究中，研究人员发现，护理人员在面对长期情绪劳动时，往往会表现出心理倦怠和工作满意度下降的趋势。然而，通过提供情绪支持和培训帮助他们更好地进行深层演出，护理人员的工作满意度显著提升。

情绪劳动的实际应用

1. 服务行业中的应用：在服务行业，情绪劳动是确保客户满意的重要因素。例如，餐厅服务员需要通过微笑和礼貌的语言来为顾客提供良好的就餐体验。企业可以通过为员工提供情绪管理培训来帮助他们更好地进行情绪调节。

2. 医疗和教育领域：在医疗领域，医生和护士需要通过深层演出与患者建立良好的关系，以帮助患者减轻焦虑和不安。在教育领域，教师通过情绪管理来保持课堂的积极氛围，也是一种情绪劳动的表现。

3. 企业管理中的应用：企业可以通过培训和支持系统来帮助员工更好地应对情绪劳动的挑战。例如，提供心理辅导、设立员工支持计划及给予员工更高的自主权等措施，都可以有效减少情绪劳动的负面影响。

如何应对情绪劳动的挑战

1. 情绪管理培训：组织可以通过培训员工的情绪管理能力，帮助他们更好地进行深层演出，而非仅仅依赖于表层演出。通过提高员工对情绪的觉察和调节能力，可以减少情感耗竭的风险。

2. 提供支持性环境：建立支持性的工作环境，鼓励同事之间的情感支持，可以帮助员工减轻情绪劳动的压力。领导者的支持和理解也在情绪劳动的应对中起到重要作用。

3. 增强工作自主权：给予员工更多的工作自主权，使他们能够对自己的情绪管理做出一定的选择，有助于减少情绪劳动带来的负面影响。工作中的自主性可以帮助员工更好地找到情绪调节的方式，从而减少心理压力。

心理学视角下的情绪劳动

情绪劳动理论为我们理解工作场所中情感管理的复杂性提供了重要的框架。它揭示了员工在工作中如何通过调节和管理情绪来应对职业需求，以及这种过程对心理健康的潜在影响。理解情绪劳动不仅有助于提高工作绩效和客户满意度，还对员工的心理健康和幸福感至关重要。

POINT 81

认知偏差：
思维陷阱与人类决策的非理性

认知偏差（Cognitive Bias）是指在信息处理和决策过程中，个体由于先天或后天的心理倾向，偏离了客观的、理性的判断。认知偏差导致了我们在思考、评估和决策中产生系统性的错误，影响我们的判断和行为。这个概念在心理学和行为经济学中都非常重要，揭示了人类在日常生活中的决策为何常常不符合逻辑和最佳选择。

理论背景与提出过程

认知偏差的概念最早由心理学家丹尼尔·卡尼曼（Daniel Kahneman）和阿莫斯·特沃斯基（Amos Tversky）在20世纪70年代提出。他们通过一系列实验发现，人们在面对不确定性和复杂信息时，通常会依赖一些"捷径"——即启发式思维（Heuristics）来简化决策过程。然而，这些启发式思维往往会导致系统性偏差，形成对事物的错误理解或判断。

卡尼曼和特沃斯基在《判断的不确定性：启发式与偏差》一书中详细描述了许多认知偏差，如确认偏误（Confirmation Bias）、代表性偏差（Representativeness Bias）和锚定效应（Anchoring Effect）。这些偏差展示了人类如何倾向于依赖部分信息，而忽略更为全面的判断，导致决策错误。

常见的认知偏差类型

1. 确认偏误（Confirmation Bias）：确认偏误是指人们倾向于寻找、解释和记忆与自己已有信念一致的信息，而忽略或低估与自己观点相悖的信息。例如，某人相信某个保健品有效时，会更关注那些宣称有效的报道，而忽略相反的科学证据。

2. 锚定效应（Anchoring Effect）：锚定效应指人们在决策时，倾向于过度依赖第一印象或最初的信息，即使这些信息可能并不准确。例如，在讨价还价中，最初的报价往往会对最终成交价产生重大影响，即使最初报价是随意的。

3. 损失规避（Loss Aversion）：损失规避是指人们对损失的敏感度远远大于对同等收益的敏感度。这种偏差导致人们在面临风险时更倾向于避免损失，而非追求收益。例如，许多人宁愿不投资以避免可能的损失，而不是去冒险追求潜在的收益。

4. 代表性偏差（Representativeness Bias）：代表性偏差是指人们根据某事物与某一典型特征的相似性来做判断，而忽略了统计概率。例如，人们可能认为某人穿着西装、言谈举止严肃就是一位律师，而忽略了其他更有可能的职业。

经典实验与研究

卡尼曼和特沃斯基通过大量实验验证了认知偏差的存在。在著名的"锚定与调整"实验中，参与者首先被问及一个看似随机的问题，例如："乞力马扎罗山的高度是否超过5000米？"然后让他们估计山的实际高度。结果表明，大多数参与者会受最初问题中提到的数字"5000米"影响，无论这个数字是正确的还是偏离实际的，这表明锚定效应在影响人们判断中的力量。

另一个经典研究是关于确认偏误的实验，研究人员让参与者对某一理论进行验证，发现人们通常会更倾向于寻找支持该理论的证据，而忽略反驳的可能性。这种确认偏误使得人们难以客观看待事实和调整自己的错误信念。

认知偏差的实际应用

1. 市场营销与广告：认知偏差在市场营销中被广泛利用。例如，锚定效应用于价格设置中，通过"原价"和"现价"的对比，消费者会倾向于觉得折后价更优惠。损失规避也被用于"限时优惠"或"即将失去的机会"的广告中，以刺激消费者作出快速决策。

2. 医疗决策：在医疗领域，认知偏差可能会影响患者和医生的决策。例如，确认偏误可能导致医生忽略与初步诊断不符的症状信息，从而作出错误的诊断。认识到这些偏差的存在，可以帮助医疗人员更好地调整诊断和决策过程。

3. 投资与金融：投资者在作投资决策时常常会受到认知偏差的影响。例如，投资者可能由于损失规避而过早出售股票，或者由于确认偏误而过分关注对其投资策略有利的市场信息，忽略潜在风险。因此，理解认知偏差有助于投资者更为理性地做出决策。

如何减少认知偏差的影响

1. 提高自我意识：认识到人类在决策过程中容易出现认知偏差是减少其影响的第一步。通过不断反思自己的决策动机和思考过程，可以更好地识别和校正潜在的偏差。

2. 使用客观数据：在做决策时，尽量依靠客观的数据和证据，而不是单纯依赖直觉或现有的信念。数据的使用有助于打破确认偏误，做出更为科学的判断。

3. 寻求多样化的意见：在决策中，可以寻求不同立场和观点的人的建议，以减少确认偏误的影响。通过广泛获取不同的信息来源，能够帮助个体做出更为全面和客观的决策。

心理学视角下的认知偏差

认知偏差是人类大脑在应对复杂信息时的一种"捷径"，它既能帮助我们快速做出决策，也可能导致偏差和错误。理解认知偏差的存在和类型有助于我们提高自我反思的能力，避免在关键决策中因非理性的思维陷阱而犯错。

通过认知偏差的学习和反思，我们可以更好地理解自己的思维方式，从而在工作、生活和社交中做出更为理性和明智的选择。无论是个人成长、商业决策，还是社会政策制定，认知偏差的知识都为我们提供了一种洞察人类行为和提高决策质量的独特视角。

POINT 82
自我概念的多重构成：多维度的自我认知

自我概念的多重构成（Multiple Facets of Self-Concept）指的是个体对自己在不同方面的理解和认识，这种自我理解涉及个人身份的多重维度，包括物质自我、社会自我、心理自我等。自我概念的多重构成不仅影响个体的情绪和行为，还在社会交往和自我成长中起到重要作用。

理论背景与提出过程

自我概念是心理学家威廉·詹姆斯（William James）在19世纪末提出的一个重要概念。他认为自我是由多重维度构成的，包括物质自我（如身体、衣物、家居等物质属性）、社会自我（如社会身份、他人对自己的看法）、精神自我（如情绪、信念、目标等内在特质）。詹姆斯指出，自我概念并不是单一的存在，而是由许多不同方面组成，这些方面共同影响着个体对自己的整体认知。

后来，卡尔·罗杰斯（Carl Rogers）等人进一步发展了自我概念的理论，强调自我概念与个体的心理健康和行为选择之间的关系。罗杰斯提出，个体的自我概念与现实之间的不一致会导致心理冲突，而通过提高自我接纳度，个体可以更好地实现自我成长。

自我概念的多重构成

1. 物质自我：物质自我包含个体对自身物质属性的认知，例如身体特征、衣着、财产等。这一方面的自我概念影响着个体的自尊心和自信心，例如外貌形象对很多人而言是物质自我中非常重要的一部分。

2. 社会自我：社会自我涉及个体在社会关系中的角色和他人对自己的看法。个体可能在不同的社会情境中扮演不同的角色，如父母、朋友、员工等。社会自我影响着个体的人际交往和社会地位的认知，通常也与个体的社会适应能力有关。

3. 心理自我：心理自我指的是个体对自己内在特质的理解，包括情绪状态、信念、动机和人格特质等。心理自我是影响个体行为和心理健康的重要因素。比如，自认为是一个乐观积极的人，通常会在生活中采取更为正向的应对策略。

4. 未来自我：未来自我反映了个体对自己未来发展的期望和目标。这部分自我概念包括个人的抱负、愿景和对未来的规划，影响着个体的动机和行动计划。

经典实验与研究

心理学家哈泽尔·马库斯（Hazel Markus）对自我概念进行了深入研究，提出了"可能自我"（Possible Selves）的概念，即个体对自己在未来可能成为的样子进行的构想。可能自我不仅包含了个体希望成为的理想自我，还包含了个体害怕成为的消极自我。马库斯认为，可能自我在激励个体行为、指引生活方向方面有重要作用。

在另一项研究中，心理学家库珀史密斯（Stanley Coopersmith）通过调查儿童的自我概念与自尊心之间的关系，发现家庭环境和父母的教育方式对儿童的自我概念构建有重要影响。那些拥有积极自我概念的儿童通常成长在鼓励自由表达和自主决策的家庭中。

自我概念多重构成的实际应用

1. **教育中**：理解自我概念的多重构成可以帮助教育者更好地促进学生的全面发展。通过培养学生在物质、社会和心理等多个方面的积极自我认知，教育者可以增强学生的自信心和适应能力。例如，通过提供多样化的活动，让学生在不同情境中发现自己的优势和潜力，从而增强其多方面的自我概念。

2. **职业发展中**：在职业规划中，自我概念的多重构成也有着重要意义。个体可以通过了解自己的物质需求、社会角色以及未来期望，来制定职业发展路径。例如，一位具有强烈社会自我认同感的人，可能更倾向于选择需要团队合作和人际互动的职业，而那些重视未来自我目标的人，则可能更加关注职业的长期发展空间。

3. **心理治疗中**：在心理治疗中，帮助个体理解和接纳其多重自我概念可以促进心理健康。治疗师通常通过帮助个体澄清自我概念的各个方面，识别自我概念与现实之间的矛盾，来降低由此产生的心理冲突。例如，通过认知重构，帮助来访者重新评估和接纳其社会自我和心理自我，有助于减少内在冲突，提高生活质量。

自我概念的多重构成对个体的影响

1. **自尊与自我接纳**：自我概念的多重构成对个体的自尊水平有着直接影响。当个体在各个方面的自我认知中都有积极的体验时，自尊心会得到增强，从而在面对挑战时表现出更强的应对能力。反之，如果在某个自我维度上有负面体验，可能会降低整体的自我接纳度。

2. 行为选择与动机：多重自我概念在行为选择和动机形成中起到重要作用。例如，一个在社会自我维度上高度重视他人评价的人，可能在行为选择时更倾向于取悦他人；而一个在未来自我维度上有明确目标的人，则更可能表现出自律和坚持。

心理学视角下的自我概念多重构成

自我概念的多重构成使我们对自身的理解变得更加立体和全面。个体不仅仅是某一方面的自我，而是由物质、社会、心理和未来等多方面共同构建而成。通过理解和整合这些不同维度的自我，个体可以更好地认识自己，调节情绪，做出符合自身整体利益的选择。

在现代社会中，自我概念的多重构成对个体的心理健康和社会适应性有着重要影响。无论是在职场、学校还是家庭生活中，理解和接受自己的多重自我，有助于在复杂多变的环境中找到平衡点，保持内心的稳定与成长。

POINT
83

敬畏效应：
对伟大事物的体验如何改变我们的行为

敬畏效应（Awe Effect）是指个体在面对壮丽的自然景观、宏大的艺术作品、极高的道德行为或其他超出日常经验的事物时所产生的敬畏感，以及这种情感对个体心理和行为产生的积极影响。敬畏是一种复杂的情感体验，涉及惊奇、钦佩、谦逊和自我超越等感受。它能够帮助个体打破自我中心，增强与他人和世界的联系感。

理论背景与提出过程

敬畏效应作为一种重要的积极情绪，最早在20世纪90年代末至21世纪被心理学家深入研究。敬畏感是一种对巨大的、超越理解能力的事物的情感反应，它通常会让个体感受到自身的渺小，但同时也会感受到更广阔的世界与更大的整体联系。心理学家达契尔·克特纳（Dacher Keltner）和乔纳森·海特（Jonathan Haidt）在他们的研究中，将敬畏描述为一种独特的情感，其核心特征包括对广阔事物的感知，和需要调整现有心理图式来理解这种体验的意愿。

敬畏效应的核心特征

1. 对广阔事物的感知：敬畏通常由个体面对广阔、壮丽、复杂或神秘的事物而引发。这些事物超越了个体的日常经验，打破了其原有的认知框架。例如，当一个人站在大峡谷前，看到无尽的自然美景时，可能会感受到一种不可思议的敬畏。

2. 自我缩小与谦逊：敬畏感会使个体感受到自我的缩小，即个体会意识到自己在更宏大的世界中是多么微小。这种感受能够促使人们变得更加谦逊，并重新思考自己的生活和优先事项。

3. 连接与利他：敬畏感还可以增强个体与他人及世界的联系感，使人们更加愿意进行利他的行为。例如，研究发现，体验敬畏感的人更愿意帮助他人，并且更能够容忍他人的不足。

经典实验与研究

克特纳及其团队进行了多项实验，探讨敬畏感对人类行为的影响。在一项实验中，参与者被带到红杉森林（巨大的树木）进行自然漫步，而对照组则在普通的城市街道上散步。结果显示，置身于红杉森林的参与者体验到了更强烈的敬畏感，他们在随后的一系列测试中表现出了更多的利他行为和较低的自我中心性。

另一项经典实验是由米歇尔·希奥塔（Michelle Shiota）等人进行的，他们让参与者观看不同类型的影片，包括展现宇宙的壮丽景象的纪录片和普通的情景喜剧。观看宇宙影片的参与者展现了强烈的敬畏感，并且在完成测试时表现出了更强的创造性和开放性。

敬畏效应的实际应用

1. 心理健康和情绪调节：敬畏效应被认为是增强心理健康的重要因素之一。通过体验敬畏感，个体可以暂时从日常的压力和烦恼中解脱出来，获得更广阔的视角，从而降低焦虑和抑郁的水平。敬畏体验能够打破自我中心的模式，让个体更专注于整体的生活意义。

2. 教育与学习：在教育中，敬畏效应可以帮助激发学生的好奇心和探索欲。例如，带领学生参观科学博物馆或让他们观看有关宇宙的纪录片，能够引发学生对自然的敬畏，从而增强他们对科学学习的兴趣和动机。敬畏能够激发个体的开放性，使其更愿意接受新的知识和观点。

3. 领导与团队管理：在组织管理中，领导者可以通过创造集体的敬畏体验（如举办具有激励性质的活动、参观令人敬仰的项目等）来增强团队的凝聚力。敬畏感可以帮助团队成员感受到共同的使命，增强他们对组织的认同感和投入感。

如何增强敬畏感

1. 接触大自然：接触大自然是体验敬畏感的一个重要途径。无论是看日出、徒步穿越森林，还是凝望星空，这些经历都能帮助人们体会到自然的浩瀚和人类的渺小，从而激发敬畏感。

2. 欣赏艺术与科学：欣赏伟大的艺术作品或探索科学奥秘也可以激发敬畏感。参观艺术博物馆、观看宇宙纪录片、阅读伟大的文学作品等，都是感受敬畏的有效方式。

3. 参与社会活动：参与一些充满意义的社会活动，例如慈善活动、集体志愿服务等，也可以增强个体的敬畏感。这些活动能够帮助个体看到人类集体力量的伟大，以及我们如何在更广阔的世界中发挥作用。

心理学视角下的敬畏效应

敬畏效应揭示了积极情绪对人类心理健康和行为的深远影响。敬畏感不仅是一种情感体验，它还能够改变个体的认知和行为，使人们更加关注他人，减少自我中心，增加利他主义行为。通过理解敬畏效应，我们可以更有意识地寻找并创造机会去体验这种情感，从而丰富我们的生活，提高我们的幸福感和社会责任感。

敬畏效应提醒我们，在日常生活中，我们应该多接触那些能够激发敬畏感的事物，例如壮丽的大自然、科学的奥秘、伟大的艺术作品等。这些体验不仅能改善个人的情绪，还能让我们更好地理解世界，融入人类集体，体验到生活的真正意义。

POINT 84
需求层次理论：人类需求的阶梯

需求层次理论（Hierarchy of Needs Theory）是由心理学家亚伯拉罕·马斯洛（Abraham Maslow）于20世纪40年代提出的，该理论描述了人类动机和需求的发展过程，认为人类需求按重要性和优先级分为五个层次。马斯洛认为，只有当较低层次的需求得到满足后，人们才会追求更高层次的需求，这一理论成为了解人类行为和动机的经典框架。

在心理学发展的早期，很多研究集中在病理学或行为主义方面，探讨人类如何通过外部刺激来反应。然而，马斯洛对人类的成长和自我实现更感兴趣。他通过研究那些表现出高成就和极度满意的人，提出了需求层次理论，以揭示人类追求目标和幸福的动机。

需求层次理论的五个层次

马斯洛将人类需求划分为五个层次，从低到高分别是：

1. 生理需求：这是最基础的需求，包括食物、水、睡眠等维持生存的基本需求。它们是人类生存的首要条件，只有这些需求得到满足，个体才能追求更高层次的需求。

2. 安全需求：在生理需求得到满足后，安全需求随之而来。它包括对身体安全、经济保障、健康及避开危险的需要。在现代社会中，这些需求包括工作稳定性、居住环境安全、健康保护等。

3. 社交需求：也称为爱与归属的需求，人们希望与他人建立联系，渴望友谊、爱情及在群体中的归属感。当人们的生理和安全需求得到满足后，他们会寻求与他人建立情感纽带。

4. 尊重需求：这个层次的需求分为两部分，一部分是自尊需求，如成就感、独立性；另一部分是他人的尊重，如地位、名誉。满足尊重需求能够让人们对自我有更高的评价和信心。

5. 自我实现需求：这是马斯洛理论中最高层次的需求，指的是实现个人潜能，追求自我成长和创造性，达到自我理想的境界。自我实现意味着个体超越对物质的追求，专注于内在能力和价值的探索。

经典实验与研究

尽管马斯洛的需求层次理论主要基于观察和理论推导，并没有通过严格的实验验证，但它对心理学界和社会学产生了深远影响。马斯洛通过观察一群被他认为"自我实现"的人，包括科学家爱因斯坦和作家艾莉诺·罗斯福等，总结出他们具备的共同特征，如创造性、独立性、与他人深度共情的能力等。这些人的生活反映了如何通过追求自我实现，获得更高层次的满足感和幸福感。

需求层次理论的实际应用

1. 教育领域：需求层次理论被广泛应用于教育中。教师需要理解学生的基本需求，如生理和安全需求，才能更有效地激励他们的学习动机。例如，一个饥饿的学生可能难以集中注意力学习，因此教育者应首先满足学生的基本生理需求，然后帮助他们实现学术和个人的成长和进步。

2. 工作管理与激励：在企业管理中，马斯洛的需求层次理论被用于设计员工激励方案。企业不仅需要提供竞争性的薪酬和工作安全感，还应关注员工的社交需求、尊重需求及其个人职业发展和自我实现。例如，许多公司通过团队建设活动和职业发展计划，帮助员工获得归属感和自我成就感。

3. 心理治疗：需求层次理论在心理治疗中也有重要应用。治疗师可以帮助患者识别他们在哪一个层次的需求没有得到满足，并通过解决这些需求来提升患者的心理健康。例如，一个长期感到孤独的患者，可能需要更多社交支持和归属感，以提升生活满意度。

心理学视角下的需求层次理论

需求层次理论为理解人类动机和行为提供了一个清晰的框架，它不仅帮助我们认识到需求的分层次性，还强调了自我实现的重要性。马斯洛的理论表明，个体的幸福感和满足感不仅依赖于物质上的满足，更在于内在潜能的实现。

需求层次理论也引导我们关注生活中的核心问题——如何平衡物质需求和精神追求，如何在满足基础需求的同时，追求更高层次的个人成长。无论是在教育、职场还是个人生活中，理解和应用需求层次理论都能帮助我们更好地提升自己的生活质量，找到真正的幸福和满足。

POINT 85
惰性定律：
改变的困难与适应的力量

惰性定律（Law of Inertia），也称为心理惰性，源自物理学中的惯性定律，应用于心理学和行为科学中来描述个体在面对改变时的抗拒倾向。心理惰性体现了人类在面对变化时，更倾向于维持现状的行为模式。这一现象反映了人类内在对熟悉事物的偏爱，以及对不确定性的恐惧。

理论背景与提出过程

惰性定律的概念借鉴了牛顿第一运动定律，即任何物体如果不受外力作用，都会保持静止或以相同的速度持续运动。心理学家将这一现象类比到人类行为中，指出个体在心理上往往具有相同的特性，即在没有外部强力刺激的情况下，人们倾向于保持现有的行为和态度。

在心理学领域，改变是一件充满挑战的事情，尤其是当改变涉及长期习惯和既有信念时。心理惰性表现为人们在面对改变时的抗拒、拖延及对不确定性的恐惧。例如，改变生活方式、搬家、换工作等，都会激发个体的心理惰性，让他们感到不安和不适。

惰性定律的主要特征

1. 维持现状的倾向：人们在面对新的选择或必须作出改变时，通常会表现出维持现状的倾向。例如，尽管某项新技术可以提高工作效率，员工可能还是更倾向于继续使用旧的、熟悉的工具，因为这样可以避免学习新技术的麻烦和不确定性。

2. 对不确定性的抗拒：惰性定律背后隐藏着对未知的恐惧和不确定性的抗拒。这种情绪表现为人们不愿意尝试新事物，或者在面临重大决策时拖延的心理状态等。

3. 习惯的力量：习惯是心理惰性的主要来源之一。长期形成的习惯行为具有很强的惯性，个体通常很难主动改变，除非遇到某种迫使他们改变的强大力量。例如，戒烟者往往需要多次尝试和大量外界支持才能最终成功戒烟。

经典实验与研究

心理惰性在行为科学和社会心理学中得到了大量研究验证。心理学家库尔特·勒温（Kurt Lewin）的"力场理论"（Field Theory）指出，个体行为受多种内外力的共同影响。在这一理论中，心理惰性可以被看作是一种维持现状的力，这种力量与推动改变的力形成对抗，从而决定了个体是否会改变。

另一个相关研究是由行为经济学家提出的"默认选择效应"（Default Effect）。研究发现，当个体面临决策时，他们更倾向于选择默认的选项而非主动改变。这种倾向可以解释为心理惰性，个体更倾向于接受已经设定好的选择，以避免承担改变带来的心理负担和风险。

惰性定律的实际应用

1. **健康行为的改变**：在健康领域，惰性定律常常阻碍人们改变不健康的生活方式。例如，尽管知道健康饮食和锻炼的重要性，许多人仍然无法改变久坐的习惯。这些行为的背后往往是心理惰性的作用。为了克服这种惰性，健康倡导者会使用激励措施、社会支持及教育来帮助个体逐步改变不健康的行为。

2. **组织变革的阻力**：在企业和组织中，惰性定律也是导致变革困难的重要原因之一。员工对现有流程和习惯的依赖，常常导致他们对新政策和新技术的抵制。为此，管理者可以通过提供培训、明确变革的好处，以及创造激励机制等方式来减少心理惰性对变革的负面影响。

3. **消费行为**：在市场营销中，惰性定律可以解释消费者对品牌的忠诚度。许多消费者即便知道其他品牌可能提供更好的性价比，仍然会坚持使用他们熟悉的品牌。这种现象可以通过减少选择的复杂性、简化切换过程等方式来克服。

心理学视角下的惰性定律

惰性定律揭示了人类行为中的保守倾向和对熟悉事物的依赖性。在面对不确定性时，人们往往选择维持现状，这是因为改变意味着风险和未知。然而，这种心理惰性在某些情况下会阻碍个体的成长和发展。

通过理解惰性定律，我们可以更好地认识到自身在面对改变时的心理障碍，学会如何主动打破这种惯性。例如，采取逐步改变的策略、寻求外部支持、设定具体目标和奖励机制等，都是帮助克服心理惰性、实现个人成长的有效方法。

POINT
86
课题分离：
界定自我与他人责任的界限

课题分离（Separation of Tasks）是由奥地利著名的心理学家和哲学家阿尔弗雷德·阿德勒（Alfred Adler）的理论衍生而来，用于描述如何有效地分离自己和他人的责任与课题，以实现心理上的独立与健康的关系界定。课题分离是阿德勒心理学中"个体心理学"思想的重要内容，它帮助个体识别哪些是自己可以控制和需要承担的责任，哪些是属于他人的课题，并学会尊重他人的独立性。

理论背景与提出过程

课题分离源于阿德勒的个体心理学理论，强调个体必须理解和接受自己的有限性，不可能对所有事情负责，也不应干预他人的选择和行为。阿德勒认为，许多心理困扰源于个体过度承担了本不属于自己的课题，或者试图控制他人的行为，导致焦虑、冲突和关系的紧张。

通过课题分离，个体能够更好地明确自身的责任与他人的责任之间的界限，减少对外界的过度控制欲或依赖性。阿德勒的这一思想为现代心理学中的个人成长、家庭教育、关系辅导等提供了重要的理论基础。

课题分离的核心概念

1. 明确责任的归属：课题分离的关键在于明确不同情境下的责任归属。例如，孩子的学习是孩子自己的课题，而父母的责任是提供支持和鼓励，而不是替孩子担忧成绩。

2. 尊重他人的自由：课题分离还强调尊重他人的自由和选择，不对他人的课题进行干涉。例如，在亲密关系中，伴侣的情绪是其自己的课题，过度介入或试图控制对方的情绪只会导致关系的紧张。

3. 避免情感卷入：通过分离自己的课题和他人的课题，个体能够避免不必要的情感卷入，减少因他人的行为或情绪变化而带来的不良心理反应。例如，不因为他人的失落而产生内疚感，认识到他人的情绪是他们自己的课题。

实际应用与案例

课题分离的概念在日常生活和人际关系中具有广泛的应用。以下是一些具体应用的场景：

1. 家庭教育中：在家庭中，父母常常担心孩子的生活选择、学业成绩等问题。课题分离强调，父母的责任在于给予孩子支持和建议，但如何面对这些挑战是孩子自己的课题。过度干预或试图替孩子做决定，往往会使孩子缺乏独立性和责任感，而课题分离可以帮助父母正确地给予孩子成长的空间。

2. 亲密关系中：在伴侣关系中，很多问题源于一方试图改变或控制另一方的行为和情绪。通过课题分离，伴侣之间可以更好地理解彼此的责任边界，尊重对方的情绪和选择，而不因为对方的情绪波动而感到过度的压力或自责。例如，当一方对某件事感到失望时，另一方不应感到内疚或认为自己有责任去改变这一情绪，而是尊重对方的感受，同时提供情感支持。

3. 职业生活中：在工作场合中，课题分离也具有重要的应用意义。例如，领导者应明确团队成员各自的责任，并信任他们能够完成自己的任务，而不是对每一个细节进行控制。这样不仅可以提高团队的整体效率，还能增强成员的责任感和自主性。

如何实践课题分离

1. 认清哪些是自己的课题：首先，个体需要学会识别哪些事情是自己可以控制的，而哪些是超出自己控制范围的课题。对于那些自己无法控制的事情，应当学会放手，不再为之烦恼。

2. 尊重他人的界限：课题分离的实践还在于学会尊重他人的选择和自由，即使对方的选择与自己的意愿相悖，也要理解每个人都有权为自己的生活负责。这种尊重不仅有助于维持健康的人际关系，还能减轻彼此的心理负担。

3. 接受自己有限的控制力：课题分离的最终目的是让个体学会接受自己无法掌控一切的现实。对于那些属于他人课题的部分，个体应该学会理解和接受，而不是试图通过强行干预来控制结果。

心理学视角下的课题分离

课题分离帮助个体建立明确的心理界限，减少对他人课题的过度干预，同时也避免将他人的责任揽为己任。这种方式既有助于个人心理的健康发展，也能够改善和维持良好的人际关系。课题分离与边界感的建立有密切关系，通过合理划定人与人之间的责任界限，个体可以更加自由地追求自己的目标，而不被不必要的负担所拖累。

在现代社会中，人们常常感受到来自家庭、职场和社交关系的压力，这些压力很多时候源于对课题的不正确分离。通过理解并实践课题分离，我们可以更清晰地看到哪些是自己需要承担的责任，从而减少心理负担，获得更加健康和谐的生活体验。

POINT 87

自我实现理论：追求自我潜能的极致

自我实现理论（Self-Actualization Theory）是心理学家亚伯拉罕·马斯洛（Abraham Maslow）提出的需求层次理论中的最高层次需求。自我实现是指个体充分发挥自己的潜能，追求个人成长与实现目标的过程，是人类动机的终极目标和心理健康的重要标志。

理论背景与提出过程

亚伯拉罕·马斯洛在20世纪40年代提出了著名的需求层次理论，他认为，人类的需求可以按照重要性从低到高排列为生理需求、安全需求、社交需求、尊重需求和自我实现需求五个层次。当低层次的需求得到满足后，人们会追求更高层次的需求，其中，自我实现是最高级的需求，指人们追求个人潜能最大化，实现自我价值的过程。

马斯洛通过对一些杰出人物的生平进行研究，例如爱因斯坦、林肯等人，试图了解他们如何通过实现自己的潜能和价值来达成幸福感与心理满足。他发现，自我实现者通常具有某些共同的特征，如对事物的真实理解、创造性思维、对生活充满热情等。这些人往往超越了自我中心，致力于对人类和社会的贡献。

自我实现的主要特征

1. 真实感与接纳：自我实现者能够真实地看待自己和世界，他们接纳自身的优点与不足，客观地看待外界事物，并保持开放的心态。

2. 创造性：自我实现者通常表现出强烈的创造性，他们善于从新颖的视角看待问题，寻找独特的解决方案。这种创造性不仅限于艺术和科学，还体现在日常生活中。

3. 专注于问题：自我实现者往往更加专注于解决外部问题，而不是只关注个人利益。他们愿意付出时间和精力，去解决社会、群体或人类面临的问题，并从中找到意义感。

4. 自主性与独立性：自我实现者在行为和决策上更具自主性，他们的行为并不容易受到他人评价或外部环境的影响，而是基于内心的价值和追求。

5. 高峰体验：马斯洛特别强调自我实现者会经历一种特殊的情感状态，称为"高峰体验"（Peak Experience），这种体验让他们感受到深刻的喜悦、联结感和超越自我的境界，是生命中最深刻和富有意义的时刻之一。

经典案例与研究

马斯洛通过对一些历史人物的研究，描绘了自我实现者的特征。例如，爱因斯坦在科学领域的贡献体现了对真理的无限追求和创造力，而马哈特马·甘地则在追求社会公平与和平中体现了深刻的利他精神。这些人不仅追求个人的成长和成功，更重要的是，他们超越了自我，致力于人类福祉的提升。

马斯洛认为，自我实现不是一蹴而就的，而是一个持续的过程。每个人都可以通过不断学习、探索和挑战自我，逐渐达到自我实现的状态。高峰体验的研究也帮助人们理解了这些时刻如何促进个体的成长与心理健康。

自我实现理论的实际应用

1. **个人成长与职业发展**：自我实现理论在个人成长和职业发展中具有重要的指导意义。通过了解自己的兴趣、能力和价值观，人们可以设定切实可行的目标，追求内心深处的理想与愿望。例如，在职业选择中，选择那些能够充分发挥自己潜力的工作，会让个体体验到更高的成就感和幸福感。

2. **教育中的应用**：在教育领域，自我实现理论被用来激励学生追求自身的潜能。教师可以通过帮助学生发现兴趣所在、鼓励创造性思维、支持他们的独立性等方式，促进学生的自我实现。

3. **心理治疗与心理健康**：在心理治疗中，帮助个体发现自我、接纳自己及激发内在潜力，是心理咨询师的重要目标。自我实现理论强调人类天生具有积极的潜能，心理治疗的任务之一就是帮助个体找到通向自我实现的路径，从而提高生活满意度与幸福感。

如何实现自我实现

1. **设立有意义的目标**：自我实现的过程需要明确的目标，这些目标不只是追求外在的成功和认可，而是基于内在的需求和价值。例如，追求艺术、帮助他人或者在某个领域有所突破。

2. **培养创造性思维**：自我实现者的一个重要特征是具有创造性思维。个体可以通过跨领域的学习、参与新鲜的活动及保持好奇心来激发自己的创造潜力。

3. **接纳自我与成长**：自我实现的过程需要对自己有深入的理解和接纳，

接受自己的优点和不足，同时不断努力进行自我提升。自我实现者通常能以包容的态度对待自己的缺点，保持开放和成长的心态。

4. 寻求高峰体验：高峰体验是自我实现的一个重要标志，这种体验能让个体感受到深刻的满足与幸福。通过参与能够激发激情和热情的活动，例如艺术创作、极限运动、公益活动等，可以增加高峰体验的机会。

心理学视角下的自我实现理论

自我实现理论是马斯洛需求层次理论的顶点，揭示了人类在满足基本需求之后，对个人潜能和内在价值的追求。自我实现是人类心理健康和生活意义的重要标志，它提醒我们，不应局限于物质和外在的成就，而要追求精神上的满足和自我价值的实现。

自我实现并不是一个单一的终点，而是一个不断成长和探索的过程。在这一过程中，个体需要不断挑战自己，追求更高的目标，并为社会和他人的福祉做出贡献。通过理解和应用自我实现理论，我们能够为自己的生活找到更加深刻的意义和目标，实现自我成长，并在生活中获得更大的满足感和幸福感。

POINT 88

超常刺激：
大脑如何被放大版的刺激劫持

什么是超常刺激？

超常刺激（Supernormal Stimuli）由荷兰生物学家尼古拉斯·廷贝亨（Nikolaas Tinbergen）在 20 世纪中期提出，指的是人为夸大或强化的刺激会比自然刺激更强烈地激发生物的本能反应，甚至导致失控行为。

这不仅适用于动物，也适用于人类——当我们面对高度优化的食物、社交媒体、电子游戏等刺激时，大脑的奖励机制会被极端放大，从而导致沉迷、上瘾，甚至行为失调。

多巴胺系统如何被超常刺激劫持？

大脑的奖励系统主要依赖多巴胺（dopamine），这是一种让我们感受到期待、满足和快感的神经递质。在远古时代，多巴胺的作用是帮助我们关注对生存和繁殖有利的事情，比如找到高能量食物、建立社交联系、完成重要任务。

然而，现代社会的超常刺激正在劫持这个系统，让我们的多巴胺释放机制变得异常失衡：

1. 垃圾食品——比自然食物更强烈的味觉刺激

进化背景：人类的祖先生活在资源匮乏的环境中，高糖、高脂肪的食物意味着高能量，值得被大脑奖励。

现代劫持：食品工业精准利用这个机制，制造远远超过自然食物的"超级味觉体验"——高糖、高脂、高盐的零食、快餐，直接激活多巴胺系统，导致人们对健康食物失去兴趣，甚至无法控制食欲，形成饮食成瘾和肥胖。

2. 社交媒体——永不停止的微量多巴胺奖励

进化背景：人类作为社交动物，对社交互动、认可和归属感有天然的渴望。

现代劫持：社交媒体精心设计了点赞、评论、消息推送等机制，创造源源不断的"社交反馈"，每次收到点赞或评论，大脑都会释放多巴胺。这导致人们不断刷屏、反复查看手机，大脑逐渐形成对社交媒体的依赖，甚至比现实社交更具吸引力。

3. 短视频 & 游戏——极端强化的多巴胺循环

进化背景：人类的大脑倾向于节省能量，喜欢获得最大回报的最短路径。

现代劫持：

短视频：15—30 秒的内容快速提供强烈的感官刺激，触发"微量但频繁"的多巴胺释放，使用户不断刷下一个视频，形成信息快感的上瘾循环，同时让大脑对长时间的专注丧失耐性。

电子游戏：即时奖励机制、成就系统、炫酷的视觉和音效，让多巴胺水平在短时间内飙升，比现实中的学习或工作更能提供即时满足。这让很多人更愿意沉浸在游戏中，而现实世界的挑战变得索然无味。

4. 色情内容——大脑最强烈的多巴胺刺激之一

进化背景：繁殖是生物最根本的驱动力之一，因此大脑对性相关刺激有极高的敏感度。

现代劫持：互联网色情内容比现实中的性体验更具刺激性，让大脑释放超常水平的多巴胺，导致人们对现实中的亲密关系兴趣降低，甚至出现成瘾行为，影响心理健康和生理功能。

超常刺激如何改变大脑？

长期暴露于超常刺激，会改变大脑的多巴胺分泌方式，导致以下三大恶果：

1. 多巴胺耐受性上升：

大脑逐渐习惯了高强度的刺激，普通的活动（阅读、散步、社交）变得无聊、乏味，需要更强烈的刺激才能获得快感。

这就像喝酒会上瘾，一开始一杯就醉，后来需要更多的酒精才能达到相同的快感。

2. 现实世界变得索然无味：

由于超常刺激提供了"即时满足"，现实生活中的挑战（工作、学习、人际关系）显得缓慢而无聊，人们缺乏动力去追求长期目标，更倾向于选择短期快感。

3. 自控力下降：

长期高强度多巴胺刺激会削弱大脑的前额叶皮层（负责理性决策和自控力），导致更难抵抗诱惑，容易出现拖延、上瘾、冲动消费、情绪失控等问题。

如何应对超常刺激？

面对现代社会无处不在的超常刺激，我们必须主动管理多巴胺系统，否则大脑将被高强度刺激所劫持，失去对现实生活的掌控力。

1. 降低人工刺激，重塑大脑奖励系统

减少快感阈值：减少垃圾食品、社交媒体、短视频的摄入，让大脑重新适应现实世界的奖励机制。

实行多巴胺排毒（Dopamine Detox）：短时间内完全断绝高强度刺激，比如一天不看手机、不吃加工食品，让大脑的奖励系统恢复正常。

2. 用低强度但可持续的奖励取代超常刺激

运动：运动能提高基线多巴胺水平，带来更稳定、持久的满足感，而不是短暂的快感。

深度工作：高质量的学习或创造性工作能提供更长远的成就感，比短视频带来的即时满足更健康。

现实社交：比起虚拟社交，真实的面对面交流能带来更丰富的情感连接，提供更有意义的心理满足。

3. 训练自控力，重建多巴胺耐受度

刻意忍受无聊：允许自己接受低刺激环境（如散步、冥想），训练大脑重新适应较低的多巴胺水平。

制定奖励机制：完成任务后再给予自己合理的奖励，而不是被动地接受短期快感的诱惑。

心理学视角下的超长刺激

超常刺激不是单纯的"外部诱惑"，而是一场针对人类多巴胺系统的劫持。如果不加控制，我们的注意力、情绪和行为都会被高强度的人工刺激所主导，最终导致现实生活中的失控。

但好消息是，大脑是可塑的，通过调整环境、降低刺激、重新训练自控力，我们完全可以摆脱超常刺激的控制，让生活重新回归有序和高质量。要想真正掌控自己的人生，必须先夺回对自己多巴胺系统的控制权。